U0353144

译自德文版本

24品脱的历史

啤酒与欧洲

KUOHUVAA
HISTORIAA
TARINOITA
TUOPIN TAKAA

Mika Rissanen & Juha Tahvanainen

〔芬兰〕米卡·里萨宁 尤哈·塔瓦奈宁 著

蒋煜恒 译

重庆大学出版社

目　录

Wie das Pier summer vñ winter auf dem
Land sol gescheucht vnd prawen werden

Item Wir ordnen/setzen/vnnd wöllen/ mit Rathe vnnser
Lanndtschafft/ das füran allenthalben in dem Fürsten-
thumb Bayrn/ auff dem lande/ auch in vnsern Stettñ vñ
Märckthen/ da deßhalb hieuor kain sonndere ordnung ist/
von Michaelis biß auff Georij/ ain maß oder kopffpiers
über ainen pfenning Müncher werung/ vñ von sant Jor-
gentag/ biß auff Michaelis/ die maß über zwen pfenning
derselben werung/ vnd der enden der kopff ist/ über drey
haller/ bey nachgesetzer Pene/ nicht gegeben noch auffge-
schenckht sol werden. Wo auch ainer nit Mertzñ/ sonder
annder Pier prawen/ oder sonst haben würde/ sol Er doch
das/ kains wegs höher/ dann die maß vmb ainen pfenning
schencken/ vnd verkauffen. Wir wöllen auch sonderlichen/
das füran allenthalben in vnsern Stettñ/ Märckthen/ vñ
auff dem Lannde/ zu kainem Pier/ merer stückh/ dañ al-
lain Gersten/ Hopffen/ vñ wasser/ genomen vñ geprauche
sölle werdñ. Welher aber dise vnsere Ordnung wissentlich
überfaren vnnd nit hallten wurde/ dem sol von seiner ge-
richtßobrigkait/ dasselbig vas Pier/ zustraff vnnachläß-
lich/ so offt es geschiche/ genommen werden. Jedoch wo
ain Gastwirt von ainem Pierprewen in vnnsern Stettñ/
Märckten/ oder aufm lande/ yetzuzeitñ ainen Emer piers/
zwen oder drey/ kauffen/ vnd wider vnntter den gemayn-
nen Pawrsuolck außschencken würde/ dem selben allain/
aber sonnst nyemandes/ sol dye maß/ oder der kopffpiers/
vmb ainen haller höher dann oben gesetz ist/ ze geben/ vñ/
außzeschencken erlaubt vnnd vnuerpoñ.

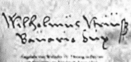

有签章的德国啤酒《纯酿法》

致读者

　　欧洲人精通啤酒酿造，甚至连政府都大力支持，不仅提高啤酒税，还立法规定啤酒的酿造方法。1516年4月23日，巴伐利亚公国的英戈尔施塔特市（Ingolstadt）首次颁布并多次确认了《啤酒纯酿法》（*Reinheitsgebot*），规定啤酒只能使用大麦、清水和啤酒花进行酿造。在这条法令背后，蕴含着一个古老的传统，而啤酒的历史也远远超出欧洲范围。

　　人们很早就发现发芽的谷物会发酵变甜。啤酒的历史与人类耕种的历史一样久远。在伊朗的高地出土过石器时代的陶壶，人们通过现代研究技术证实，壶内曾装有发芽发酵过的谷物。也许最初是因为装谷物的容器受潮，有人无意中发现了谷物发酵后变甜，但人们很快就看到了发酵的好处并且加以利用。考古学家们一致认为，大部分出土的陶壶中都曾装着精心酿造的啤酒，而非无意发酵的麦芽糊。

　　甚至有人曾提出假设：正是把谷物制成麦芽再酿成啤酒的这门艺术，为人们带来了广泛应用的酵母——所以餐桌上的啤酒才有了发酵面包的陪伴。如果这一设想正确，那么啤酒可就是早于面包的食品。

早在公元前4000年，苏美尔人就描绘过啤酒的饮用，在公元前3000年就留下了用发芽的谷物和清水酿造啤酒的最古老的指示。农民在两河流域富饶的土地上耕种，拥有巧妙的灌溉系统。他们酿造并饮用大量啤酒，使得啤酒很早就成了重要的商品。在同一片土地上，也产生了关于啤酒供应和定价最古老的著名规定，以及啤酒在许多重要场合中扮演有趣角色的记录。

公元前18世纪的《汉谟拉比法典》（Codex Hammurabi）第108条规定，啤酒的价格须参照谷物价格，收取过高费用即高于相应数量谷物价格的地主应被溺毙。人们饮用葡萄酒引发诗性、冥想哲理，而饮用啤酒时则密谋大事。《汉谟拉比法典》的第109条就规定，一个地主如果允许策反者在自家密谋，而不将其绳之以法，应处以死刑。

在法老统治下的古埃及，葡萄藤曾蓬勃生长，啤酒则被认为是酗酒者的饮料。许多古埃及莎草纸上都记录着对喝啤酒的人的控诉，那些酗酒者在大街上制造噪音，在小巷中留下恶臭。

当埃及文明传到古希腊时，希腊人把啤酒视为绝对的野蛮之物。罗马人也是如此，意大利的葡萄藤蔓同样也在温和的阳光下茁壮成长，年年都丰收。罗马人把大麦用作动物的饲料，而用大麦酿造出的啤酒自然也就成了不入流的饮品。罗马军团中，不服从命令或者未完成任务的士兵，在食物配给时只会得到大麦而非小麦——以此作为惩罚。因此，罗马人把爱喝大麦啤酒的高卢的凯尔特部落和日耳曼人看作是未开化的蛮族，也就不足为奇了。

公元1世纪，罗马历史学家塔西佗（Tacitus）在其著作《日耳曼尼亚志》（Germania）中写道，当日耳曼人要做出关于战争还是和平这样重要的决定时，或者要决定是否处死一个族人时，他们会狂饮啤酒，然后第二天再次集合讨论复议。如果到时候前一天做出的决定仍被认为是正确的，才能最终确定。塔西佗还为他的读者们解释道，啤酒是"一定程度上腐烂的[1]"大麦汁。他以此更加强调了南欧文化中长期主导的思想根基：啤酒不是上流社会的饮品。

随着罗马帝国的衰落，民族大迁移和大饥荒的动荡时代开始。许多人的饮食文化简化到只寄希望于填饱肚子。在中世纪早期，天主教会不仅在拉丁语地区西部继承了昔日帝国大部分的威望，更在全欧各地建立了自己的权力机构，并且大力推崇许多罗马人的传统。因此，认为啤酒是低俗野蛮饮品这一观念，也就在接下去的几个世纪深入人心。到今天，古代对葡萄酒欧洲和啤酒欧洲的划分，在一定意义上仍清晰可见。古罗马帝国的核心地区仍是以喝葡萄酒为主，其他那些被尤利乌斯·恺撒（Julius Cäsar）和塔西佗说成是喝啤酒的国家——英国、比利时、日耳曼和北方民族，仍然在喝着啤酒。

直到今天，啤酒仍常常被视为批发产品，只能用丁买醉。但是，有这种想法的人，完全忘记了啤酒世界的多样性，只着眼于

1　原文为拉丁语 quodammodo corruptum。

从超市里一箱箱搬进车后备厢的便宜、清淡的窖藏啤酒。

啤酒可不止于此。我们这本书将讲述在不同时期，啤酒对历史进程的影响。此外，我们还想强调啤酒的重要角色，它是欧洲饮食风俗文化的重要元素，是灵感的源泉，甚至是民族友谊的基础。

在本书的24个章节中，我们将阐明啤酒与文化、思想、社会变革或不同时期经济生活之间的关系。其中将详细叙述欧洲不同地区的个例，时间跨度从中世纪早期到21世纪。每章的最后，我们都会探讨一个与该段历史时间相关的啤酒品牌，其中大部分品牌现在都能买到。愿意的话，买上一瓶，可以了解冒着啤酒泡沫的欧洲历史，感受该品牌啤酒的口感和气味。

让我们举起啤酒杯，邀请各位读者进入这精彩纷呈的啤酒之旅！

于瓦尔迪莫Seiska餐馆，2014年4月21日

为了让历史不那么枯燥

要介绍啤酒，就要介绍与之息息相关的每一处啤酒产地的历史、啤酒与每章讲述的历史事件的关系，以及啤酒的种类和特点。

酒精度数（ABV）：酒精含量的体积百分比。

原麦芽：发芽谷物，即麦芽水溶后糖分占啤酒麦芽总量的比重。

苦度：啤酒花带来的苦味物质数量，根据欧洲苦味单位计算（EBU）。数值越高，则啤酒花浓度越高，口味越苦。

色泽：啤酒色泽，根据欧洲酿造大会标准计算（EBC）。数值越高，啤酒颜色越深。

为了让大家更清楚地看到对比，下列表格中列出了四种有名的品牌啤酒的相关数值。

	碧特博格优酿 Bitburg Premium	朗客啤酒 Aecht Schlenkerla	柏龙啤酒 Paulaner	健力士 Guinness
产地	比特堡	班贝格	慕尼黑	都柏林
啤酒种类	窖藏	熏啤	麦酒	司陶特
酒精度数	4.8%	6.5%	5.5%	4.2%
原麦芽	11.1°P	17.6°P	12.5°P	9.6°P
苦度	28.3 EBU	31.6 EBU	11 EBU	22 EBU
色泽	6.1 EBC	74.7 EBC	20.1 EBC	108 EBC

maladies · mais se user les
estuet si les amendent selo
les enseignemens que nous
desimes en le premiere partie
car par les enseignemens que
nous desinel fesismes la si n
en passerons briement.

ns s
se des
sesie
en m
tes n
niere
se los
se sus
tance

I

教会和啤酒的神圣同盟

　　基督教的圣典描写的地区，很少种植酿酒的大麦。从《圣经》中也能看出这一点。在迦拿的婚礼上，没有啤酒桶的出现，晚餐时也没有人举起啤酒杯祝酒。早期的基督徒跟随着经文上的模式，饮用葡萄酒。

　　在犹太教和基督教的信徒到来之前，南欧长久以来的传统也是反感啤酒的。在欧洲，关于啤酒的最早的著名事件发生在公元前7世纪。古希腊诗人阿尔基罗库斯（Archilochos）描述了喝"大麦酒"的色雷斯人。希腊人对其他民族的态度，委婉一点说，是高傲的，这也影响了他们对别的"蛮族"风俗习惯的印象，包括饮食文化。希腊人认为葡萄酒是狄厄尼索斯酒神赐给凡人的礼物，而关于啤酒这一蛮族饮品，在希腊文学中几乎找不到什么好词儿。

　　希腊人对麦芽饮品的口味和认为其有害健康的意见，都传给了公元元年前后在希腊地区壮大起来的罗马人。后来罗马人又把这种观点带到了他们占领的地区，从中东到不列颠。然而罗马帝国北境却没有对啤酒文化和葡萄酒文化的严格分界线。在罗马统治下的高卢（今法国和比利时）、西班牙行省（今西班牙和葡萄牙）以及不列颠尼亚行省，凯尔特人仍然保留了啤酒传统。不过，上流社会更愿意饮用葡萄酒。行省的罗马化越深入，就越少酿造啤酒。

基督教在4世纪成为罗马帝国国教后，更加深化了这一变迁。不管是在犹太教和基督教的传统中，还是在希腊—罗马的传统中，葡萄酒都占主要地位。亚历山大的区利罗（Kyrill von Alexandria）在5世纪时把啤酒描绘成"埃及人阴冷浑浊的饮料，会引起不治之症"，而葡萄酒却是《旧约》诗篇中说到的"人类之心"。另外，需要提到的是，这位区利罗驱逐了亚历山大的犹太人，授意谋杀了著名女哲学家希帕蒂娅（Hypatia），损毁了部分亚历山大图书馆——对他的判断力，各位见仁见智。

在4世纪和5世纪的民族迁移中，日耳曼人成群结队地跨过了莱茵河与多瑙河，一如既往地习惯用啤酒来解渴。日耳曼人很快就皈依了基督教，接受了新居住地的风俗。虽然他们没有完全放弃喝啤酒的习惯，但是统治阶层和神职人员认为，葡萄酒才是最符合他们尊贵身份的。统治者与平民在饮品上的区隔渐渐传到了日耳曼人聚居的中欧。在不生长葡萄藤的地方，贵族们就从南方引进葡萄。啤酒在欧洲大陆逐渐沦为二等饮品，直到救星——勇敢的爱尔兰人到来。

从恺撒大帝时期开始，罗马军团时时挑起战争、四处进军，从高卢走水路来到不列颠。到公元43年，不列颠岛中部和南部都隶属于罗马帝国了。罗马人在不列颠急切的侵占欲望主要源于当地的金属矿藏，最后他们却发现矿藏数量比想象中少很多。罗马人的进攻一直延伸到苏格兰高地，但旁边的爱尔兰岛并未被收入囊中。

凯尔特人于是得以在自己的小岛上平安生活至5世纪，随着出生于不列颠的传教士帕特里克（Patrick，约387—460年）的到来，基督信仰被带到爱尔兰。我们不清楚圣帕特里克的口味偏好，不过他的学生们毫不费力地就把爱尔兰啤酒传统和岛上的基督教教义联系到一起。圣多纳德（Dónairt，507年逝世）每年年初都会酿造一桶啤酒，在复活节后的周二拿到拉特·木布里克教堂（Rath Muirbuilc）去慰劳教徒们。爱尔兰的圣人之一——基尔达的卜吉达（Brigida von Kildare，451—525年）和啤酒的联系更加紧密。教徒们都歌颂卜吉达的热情好客，传说每当有口渴的旅人来到基尔达市，卜吉达都会把他们的洗澡水变成啤酒。而且她为一个教区送去的一个啤酒桶，会在路上越变越大，最后桶里的啤酒够18座教堂的人饮用。她的祷告词是其善意最好的证明："我愿为国王带来一个盛满啤酒的大湖。我愿看到幸福的家庭从此在湖边饮之不尽。"

基督信仰在爱尔兰迅速扎根。几代之后，爱尔兰就成为欧洲传教士最多的国家之一。传教士们主要在不列颠岛最偏远的角落传教，但也在欧洲大陆活动。同时，他们也对外传播爱尔兰人朴质踏实的精神，传播信仰与喝啤酒紧密结合的生活方式。

圣高隆邦（Columban）540年出生于东爱尔兰，在家乡的无数间修道院工作过，49岁时作为传教士来到欧洲大陆。当时法兰克人统治下的高卢的宗教状况震惊了高隆邦，他开始在勃艮第宫廷以及平民中重新树立教义的纯粹性。他创建了安妮格蕾修道院（Annegray），其教义规则成为中世纪早期阿尔卑斯山北边许多修道院的模范。虽然在他的家乡爱尔兰，有许多修道院都禁止饮用任何含酒精的饮品，但这位传教士自己却不受禁令的束缚。高隆邦本身赞同修道院生活的禁欲主义，然而啤酒于他而言却有很高的地位。这位修道院长绝不允许啤酒洒出来，而且安妮格蕾修道院规矩森严，一旦修道士浪费了啤酒，就会受到惩罚。不细心的修道士将不会再配给啤酒，洒出多少啤酒，就只会在接下来的配给中得到相等分量的清水。高隆邦修道院生活中啤酒的重要地位也反映在基督教传说故事中。

有一天，修道士们聚在一起共进晚餐时，一个仆人去地窖里取啤酒。他打开酒桶塞子，正要把酒接入壶中，就听见高隆邦叫他。他一手拿着酒壶，一手拿着酒桶塞子，急匆匆地往楼上奔去。当饭桌旁一个修道士指着酒桶塞子时，仆人才惊觉自己忘了把塞子塞回去，于是又急忙奔回地窖。等待他的是一个神迹：啤酒竟一滴都没有流出来，酒桶还是满满的。仆人松了一口气，心中非常感谢上帝。修道士们满怀欣慰，觉得是上帝原谅了这位虔诚的仆人，让他免受院长的严厉责罚。圣高隆邦也因为这一神迹倍感荣耀，修道士们的信仰更加坚定，这顿晚餐也在欢乐的气氛中度过了。

高隆邦是公认的虔诚教士，在勃艮第建立了许多新修道院。他在方丹（Fontaines）修道院创造了另一个啤酒神迹。博比奥的尤纳斯（Jonas von Bobbio）在高隆邦传记中写道："高隆邦来到方丹修道院，看见六十个修道士在田里工作。他们结束辛苦的工作后，高隆邦说：'我的兄弟们，愿上帝赐予你们一顿美餐。'修道院院长的副手听到后说：'神父啊，请相信我，我们只有两个面包和剩余的一点啤酒。''把东西拿给我。'修道院院长回答。副手把面包和啤酒拿给高隆邦。他望向天空说道：'耶稣基督啊，救世主啊，你用五个面包喂饱了五千个人，请把这些面包和啤酒同样变多吧！'神迹出现了。所有人都吃饱喝足了。仆人最后还放回比原来多一倍的面包和啤酒。"

当然也不是所有啤酒都受到了好的待遇。611年，高隆邦在去布雷甘提亚（今奥地利博登湖边的布雷根茨市）的旅途中，听说那里的市民用一个巨大的啤酒木桶为异教的奥丁神献祭。奥丁出现在放着啤酒桶的广场，暴怒地把酒桶推倒，酒桶摔成碎片，啤酒流了满地。据说，此后大量市民皈依了基督教，他们终于知道是哪位神把啤酒赐福于民。

高隆邦让啤酒变得上流高雅，从爱尔兰就跟随他的修道士圣加卢斯（der heilige Gallus，约550—646年）在啤酒的历史上同样有一席之地。加卢斯曾陪高隆邦前往布雷甘提亚，路上因病必须留在今天的瑞士北部休养，他深深爱上了那个地方，于是留在那儿生活。加卢斯死后，人们为了纪念他修建了一座小教堂，小教堂后来发展为圣加仑修道院（St. Gallen），那里的修道士继承了爱尔兰人的传统。圣加仑修道院几十年间不断吸收新的修道士，不断发展扩大。820年绘制的著名圣加仑修道院建筑平面图，成为中世纪早期和盛期修建修道院的模板。

圣加仑修道院当然也很看重啤酒酿造。在修道院的平面图上清楚地绘制了谷物储藏、烘干、碾磨、发酵和未发酵谷物的盛装容器以及酿造的布置安排，为储藏啤酒还设计了地窖。修道院中甚至真的有三个啤酒厂和一个诊所，这一设计被其他许多修道院引入。主啤酒厂为修道院自身需求提供啤酒，第二个啤酒厂为贵宾们酿酒，第三个啤酒厂的酒提供给朝圣者和乞丐。三个啤酒厂酿造的啤酒之间的区别不得而知。根据平面图可知，主啤酒厂是唯一设有单独的过滤室的。显然，修道士们认为最好的啤酒应该留给自己。在816年8月亚琛的宗教会议上，每位修道士每天会配给一品脱（0.55升）优质啤酒。

修道院和啤酒酿造厂的联系紧密而长久。中世纪从不缺申请进入修道院的见习生，主要原因在于宗教团体里的物质生活比起修道院外的相对稳定。部分修道士专精啤酒酿造，创造了一个体面的职业。几十年间，他们的发酵知识不断增长，修道院啤酒的质量也不断提高。9世纪初从大西洋海岸延至德国的法兰克王国，修道院啤酒厂尤其众多。不列颠也根据圣加仑修道院的模式修建了许多啤酒厂。而在爱尔兰修道院中，人们早已知晓如何酿造啤酒，不需要从欧洲大陆学习任何酿造模式。

政治的稳定为中世纪后期出现商业啤酒厂创造了前提条件，修道院的啤酒厂的数量逐渐减少，在19世纪和20世纪更是大量缩减。一方面，商业酿酒厂可以大批量生产啤酒，为企业创造更多盈利。另一方面，进入修道院的人减少，用企业经济概念来说，他们更专注于自己的核心业务，认为祷告和精神生活比酿造啤酒重要多了。

修道院啤酒厂关闭后，有两种出路，一些出于爱好小范围继续酿酒，仅为自身需求提供啤酒；另一些创造出新的企业模式，将产品工业化、商业化。修道院啤酒激发了营销者强大的联想力。当啤酒厂推出已关闭或不复存在的修道院产出的啤酒，有时候会引起极致的惊艳效果。不过，似乎有作假的商家将黑手伸向了市场。如今，相比其他国家，比利时对修道院啤酒这一名称的使用有更为严格的控制。从六个苦修会修道院中酿出的啤酒最能代表这一正宗传统，这些啤酒都是苦修士们自己在修道院中酿造出来的。也有其他许多修道院与商业酿酒厂合作，酿出获得认证的修道院啤酒。约二十家酒厂与修道院的联合酿造在比利时获得授权，其产品被允许标志为修道院啤酒。

被赐福的啤酒

尽管甘布里努斯（Gambrinus）在天主教堂未被正式封为圣

人，但这位神话般的全欧"啤酒之王"仍是整个啤酒文化的守护圣徒，他不仅守护啤酒饮者，也守护啤酒酿造。传说他从埃及女神伊西斯（Isis）那儿学会了啤酒酿造艺术，发明了用啤酒花酿酒的方法，还饮用啤酒赢得了很多战斗。这些故事从何而来已经不可考了。也许是因为这个神话人物的名字取自凯尔特拉丁语词汇"cambarius"，意为"啤酒酿造者"，或者取自拉丁词"ganeae birrinus"，意为"在小酒馆狂饮"，更有可能他的名字来自荷兰一个贵族的拉丁语名字——约翰一世（Jan Primus）。约翰一世要么是指布拉班特公国的约翰一世公爵（1252—1294年），要么是指勃艮第的公爵"无畏的约翰"（1371—1419年）。

因为啤酒当时并非世界性饮品，我们可以细数一下啤酒酿造工、啤酒花采摘工和这类人的守护圣徒——下列是最著名的几位：

圣　徒	身　份	守护领域	纪念日
阿曼达斯（Amandus）	马斯特里赫特的主教（约584—675年）	啤酒酿造工、旅店主人	2月6日
阿诺尔德（Arnold）	苏瓦松的主教（约1040—1087年）	啤酒花采摘工、比利时酿酒工	6月8日和8月14日
阿努尔夫（Arnulf）	梅斯的主教（约582—640年）	啤酒酿造工	7月18日
波里伐丢斯（Bonifatius）	传教士（754年逝世）	德国酿酒工	6月5日
基尔达的卜吉达	爱尔兰修道院院长（451—525年）	啤酒酿造工	2月1日
高隆邦	传教士（约540—615年）	比利时酿酒工	11月23日

圣　徒	身　份	守护领域	纪念日
多萝西娅（Dorothea）	殉教者（311年逝世）	啤酒酿造工	2月6日
甘布里努斯	约翰一世（1252—1294年）	啤酒酿造工	4月11日
宾根的希尔德加德（Hildegard von Bingen）	德国修道院长（1098—1179年）	啤酒花栽培工	9月17日
马丁（Martin）	图尔的主教（约317—397年）	旅店主人、社交型饮酒的人	11月11日
乌尔班（Urban）	朗格勒的主教（约327—390年）	制桶工	4月2日
文策尔（捷克名Václav）	波希米亚公爵（约907—935年）	捷克酿酒工	11月28日

圣佛洋三料啤酒 St-Feuillien Triple

比利时，勒罗尔克斯（Le Roeulx）

类型：艾尔啤酒

酒精含量：8.5%

原麦芽：18.5° P

苦度：22 EBU

色泽：12 EBC

　　中世纪早期，许多爱尔兰修道士为宣扬福音来到欧洲大陆，圣佛洋（法语St. Feuillien）正是其中一员。655年，他与同伴在苏瓦尼森林路遇强盗而殉教，佛洋的尸体被埋在今天比利时的勒罗尔克斯市，几个世纪后当地修建起了一座以他为名的著名修道院：圣佛洋修道院，这间修道院在18世纪的法国大革命中被摧毁，但之后这里继续在酿造啤酒。从1873年起，啤酒厂由弗里亚尔家族在修道院的名义下经营。今天，这个家族企业已经传承到了第四代。

　　圣佛洋三料啤酒是一种麦秆黄色的修道院艾尔啤酒，带有浓厚的泡沫。在第二次发酵时酵母会移动至液面，形成浓郁的芳香口感和果仁味道，甚至压过酒精的味道。在2009年的世界啤酒大赛（World Beer Awards）淡色修道院啤酒类比赛中，三料啤酒获奖。

布鲁塞尔的撒尿小童像几百年来不断往外喷射水柱。
雅克·赫弗于18世纪初雕刻。

2

神奇水柱的秘密

　　小于连——这个坐落于恒温街和橡树街转角处的撒尿小童雕像，是布鲁塞尔最著名的景点之一。此处的第一座雕像造于14世纪，那座和现在造型近似的小童像于1619年起就伫立在布鲁塞尔中心喷水了。

　　有一种流传的说法认为，小童这神奇水柱的秘密，在于当地的拉比克啤酒。

　　对于一座公众纪念碑来说，撒尿小童像很小，只有61厘米高，这和现实身高并不相符，因为这个咧嘴笑的幼童已经能站稳了，至少应该有两岁了。他身体微微往后倾斜，却坚定不移地站着，从圆圆的脸颊和胖胖的双腿上都可以看出他还年幼。他的名字用布鲁塞尔周边的佛兰德方言来说，意思是"正在撒尿的小男孩"。17世纪的雕刻家杰罗姆·杜奎斯诺瓦打造的铜像取代了之前伫立在此300年的石像。雕像曾多次被盗，原版铜像今天保存在大王宫广场的布鲁塞尔城市博物馆，目前街角原址展示的是1965年制作的原比例复刻版，供游客们欣赏、拍照。

中世纪的荷兰曾四分五裂，这片土地的大部分地区在名义上隶属德意志民族的神圣罗马帝国，然而实际上当地的伯爵和公爵们拥有高度自治权。地区最大的采邑土地之一是12世纪的布拉班特公国，其区域从今天比利时中部延伸至荷兰南部。公国的行政中心在布鲁塞尔和鲁汶，然而在当时的统治下，北边的交易城市常被拒于千里之外。安特卫普和布雷达的居民们抱怨自己的税金大量流入布鲁塞尔，而当地的贵族则蓄意煽动人民的反叛情绪。

1141年，布拉班特公国的继承人戈特弗里德三世（Gottfried III）出生在这个战乱的年代。格林堡市（Grimbergen）——这座后来主要因其修道院啤酒而扬名的城市——当时已经陷入叛乱两年。父亲戈特弗里德二世隔年突然离世，小男孩继承了这个分崩离析的王国和华丽的头衔——"鲁汶伯爵、布拉班特侯爵、安特卫普总督、下洛林公爵"。统治格林堡的柏特豪特家族公然起兵，不久，其他北方贵族纷纷开始举兵效仿。打破布拉班特公国绝对统治的机会来临了。

年幼的戈特弗里德在不知不觉中经历了战争。1142年，叛军向布鲁塞尔行进，他的母亲露特加德公爵夫人向邻国求救。相邻公国佛兰德的统治者阿尔萨斯的迪特里希，派了一支军队到布鲁塞尔。军队首领莱尼克大人向公爵夫人提出一个惊人的请求："要想保证我们的胜利，就让您的儿子与我们同赴战场，这是我的军队提出的要求。"露特加德无法拒绝，她自己留在了布鲁塞尔，而刚学会走路的戈特弗里德却成了军队正式的最高指挥官，亲征平乱。一个名叫芭芭拉的奶妈随军照料小主人。

富裕的中世纪家庭一般会雇用一名奶妈照顾小孩，从半岁喂养到两岁。贵族妇女是不会去做体力工作的，其中也包括喂奶。雇用奶妈也是一种身份象征，因为这只有有钱人能做到，即使奶妈的工钱并不太高。当时普遍认为喂奶会影响下次怀孕，如果想尽快生出更多后代，就必须让别人来喂奶。事实上，奶妈也承担了大部分抚养孩子的工作。

布拉班特的军队往北行进了数十公里，在格林堡附近的兰斯比克（Ranksbeek）空地遇到了叛军。军队驻扎起来，戈特弗里德需要喝奶。为了奶水充足，奶妈芭芭拉隔一段时间就会饮用布鲁塞尔当地特酿的拉比克啤酒。

数百年来人们都深信，喝啤酒可以催奶。直至20世纪上半叶，啤酒仍被作为健康饮料推荐给喂奶的母亲。尽管并不建议哺乳者饮用酒精，但确有证据证明啤酒对催奶有积极作用。不过科学家们对此有争议。一些研究发现促进奶水分泌的β-葡聚糖在大麦和燕麦中存在，但啤酒的酒精含量对β-葡聚糖的数量却没有明显影响，因此无酒精啤酒、清啤和麦芽精都能达到同等效果。当然，中世纪人们对酒精的分类没有这么精确。

戈特弗里德在一岁多开始断奶的时候，已经能从自己的小酒桶里喝几口清淡的拉比克啤酒了。

当军队对峙时，戈特弗里德已填饱了肚子，在吊在树上的摇篮中打着饱嗝。突然，尿意来袭，戈特弗里德站起来，身体微微后倾，朝着敌军的方向撒了泡尿。

奶妈芭芭拉为小指挥官的英勇行为欢呼起来。年幼的公爵大大打击了敌军的士气，他朝敌人撒尿，向他们展示作为一位公爵的耀眼气势。戈特弗里德撒完尿，躺下呼呼大睡，而布拉班特的士兵们则朝着叛军奋勇冲锋。小指挥官无畏的举动激励了自己的士兵们，格林堡士兵完全无法前进，兰斯比克会战很快就结束了，布拉班特保住了自己的王权，叛军撤回原地，为发起下一次前哨战聚集力量。

胜利的一方凯旋回到布鲁塞尔，撒尿小童的传奇故事迅速传开。人们唱响胜利的歌声，歌词中说这次战斗"不仅是布鲁塞尔武器的胜利，也是拉比克啤酒的胜利"。军队后方的士兵们抬着戈特弗里德摇篮吊过的那棵橡树，以此作为胜利的象征。这棵树被移植到城市中心，两百年间都提醒着人们去纪念这次事件。橡树最后渐渐腐烂，人们就把这个英勇行为砌成了石像喷泉来永远纪念。

戈特弗里德三世的统治、格林堡的叛乱、兰斯比克会战都是在历史上真实发生过的事。不过撒尿小童的故事却来自口头传说，真伪无法得知。

关于撒尿小童还有其他传说。其中一种说法是，一个小男孩撒尿熄灭了敌军炸弹的引信，拯救了整座城市。另一种说法是，一名成功的商人寻回了自己失踪多时的儿子，出于感激便出资打造了这座雕像。

康帝隆贵兹啤酒（100％有机版）
Cantillon Gueuze 100 % Lambic Bio

比利时，布鲁塞尔

类型：拉比克啤酒

酒精含量：5%

原麦芽：12.7° P

苦度：25.8 EBU

色泽：16 EBC

　　拉比克啤酒产于布鲁塞尔西南部塞纳河谷边的一个地区。这个传统的啤酒类型只有约十种产品。拉比克啤酒使用两到三年的陈年啤酒花，其口味中的刺激性已经散去。因此，大量的啤酒花并不会给拉比克啤酒增加苦味，而仅是改善了它的保存时间和品质。拉比克啤酒最大的特点是，啤酒由野生酵母进行自然发酵酿制而成，不人工添加酵母。原料加热沸腾后，把麦芽汁倒入金属槽，放在阁楼上冷却。冷却期间打开阁楼窗户，让河谷风吹来的野生酵母和微生物与麦芽汁接触，之后把混有野生酵母的麦芽汁倒入木桶发酵。根据不同需求，发酵时间会持续几个月至三年。

　　贵兹啤酒是拉比克啤酒中新老啤酒的混酿，调配后倒入瓶中继续发酵。康帝隆贵兹从1900年起由家族啤酒厂酿造，是一年、两年、三年发酵的拉比克啤酒的混酿。有机啤酒的原材料是比尔森啤酒的麦芽、未发芽的小麦以及两年发酵的哈拉道啤酒花。这种啤酒较浑浊，呈琥珀色。口味极酸、粗糙、半醇厚，有明显的柠檬和苹果口感。

马丁·路德（Martin Luther）1510年在科堡（Coburg）的工作室，一切必需的东西都有，从啤酒到书籍。

19世纪的木刻版画。来源：科堡州立图书馆。

3
啤酒花与宗教改革

　　小城市艾斯莱本（Eisleben）及其周边是一个古老的德国乡村地区。西北部绵延着植被茂密的哈茨山脉，其他方位丘陵起伏，山间各处是小片森林和村落，田间种植着小麦和大麦，处处可见深绿色的啤酒花种植园。

　　这座城市最有名的人物就是神学家、改革者马丁·路德。他1483年出生在艾斯莱本，1546年也在此地逝世，享年62岁。虽然那时这个北部地区还酿造着葡萄酒，它却不是16世纪艾斯莱本普通居民桌上的饮品，人们从早到晚用餐时都喝啤酒。葡萄酒只出现在周日教堂的圣坛上——供神父饮用。

　　因为有这个历史背景，我们当然能理解路德为什么也喜欢喝啤酒。学生时期的路德就像其他年轻男子一样，常常待在艾尔福特（Erfurt）的小酒馆里。后来他回忆道，艾尔福特大学就是一个巨大的妓院和酒馆。1508年，路德在维滕贝格（Wittenberg）继续攻读神学硕士，这里也是萨克森生产啤酒的主要城市。当时维滕堡约有2 200位居民，172个酿酒厂（几乎每12个居民就拥有一个酿酒厂，产生这个惊人比例的原因在于大部分酿酒厂都是家庭作坊）。路德的学业进行顺利，1512年就在维滕贝格获得神学博士学位，开始了教学工作。根据历史记载，路德1517年在维滕贝格宫廷教堂的大门上贴出了95条论纲，批判了天主教堂的赎罪券买卖和其他罪行。这些言论很快就传遍各地，主要在欧洲阿尔卑斯山脉北部影响巨大：德国、荷兰、英国和落后的斯堪的纳维亚半岛——概括地说，就是那些喝啤酒的地方。

当时天主教会的领袖是教皇利奥十世（Papst Leo X），来自佛罗伦萨的美第奇家族。他作为一位文艺复兴时期的王侯，深谙自己的阶级和家族传统，并且热衷于享乐和各类艺术。他原名乔凡尼·迪·美第奇，1513年当选教皇时，在佛罗伦萨举行了四天的庆祝活动，让客人们从金桶里饮葡萄酒。当年4月，新教皇入主罗马，圣驾所到之处，沿途的城市喷泉中都喷出葡萄酒来。新教皇本人已坐拥大量个人财富，然而16世纪初的天主教会需要更多的金钱，主要是因为要建造圣彼得大教堂。基督徒的血汗已被榨干。

教会敛财的一个方式就是发放赎罪券。通过善行，比如向教会捐钱，来抵消自己的罪恶，这本已实行了几百年了，但16世纪向罪人贩售赎罪券的方式更加直接。在德国的道明会修道士若望·特次勒（Johann Tetzel）大力宣扬说，用金钱可以购买宽恕。我们不确定这句宣传俗语是否出自他："银币叮当落入箱底，灵魂雀跃跳出炼狱。"

路德批判赎罪券买卖的言论被罗马教廷认为大不敬。三年后，教皇利奥十世发表诏书，要求路德撤回他的言论和其他许多文章。这位德国传教士并未听从教皇的指示，反而公开焚烧了教皇的诏书。1521年路德被革除教籍。路德的前路与他之前的两位教皇反对者——扬·胡斯（Jan Hus）和约翰·威克里夫（John Wycliffe）——一样。1415年的康斯坦茨会议（Konzil von Konstanz）判胡斯有罪，把他绑在柴堆上烧死。威克里夫1384年因病去世，但1428年教皇仍下令将他的骸骨挖出并焚烧。

路德的保护者是萨克森的领主腓特烈三世（Friedrich Ⅲ），被称为"明君"，同时也是一位啤酒爱好者。教皇很看重腓特烈及其政治影响，于是放弃对他保护下的路德采取严厉手段。在腓特烈三世的帮助下，路德赢得了1521年4月在沃尔姆斯（Worms）会议上为自己公开辩护的机会。

在莱茵河边的沃尔姆斯，只为客人们提供葡萄酒。路德的一位朋友，不伦瑞克-吕讷堡-卡伦堡领主，公爵埃里克一世为了让路德在莱茵河边准备辩护期间尽可能觉得放松——因为这一次确实攸关生死——送了一桶艾贝克（Einbeck）啤酒到沃尔姆斯。为此，路德后来多次提出感谢。沃尔姆斯会议的召见对于路德来说是一个成功——在一定程度上。他没有动摇自己的立场，这让天主教廷最终决定将他逐出教会。由此，路德不再试着从内部改变天主教会。尽管并非原意，他最终建立了一个新的教会。在他的追随者眼中，沃尔姆斯会议之后，路德不仅拥有了新宗教领袖的光环，还穿上了世界性殉教者的外衣。皇帝查理五世（Karl V）颁布了敕令，下令每个人都有权力抓捕路德。

传闻路德已被暗杀，但其实他在萨克森选帝侯腓特烈三世的保护下，藏在瓦尔特堡（Wartburg）。风声过后，他于1522年回到了维滕贝格。在腓特烈的保护下，他在那儿可以相对自由地生活，就像在发表他的论纲之前——偶尔在家和小酒馆喝喝啤酒。他对自己的反对者说："在酒馆坐着发呆和在教堂思考，好过在教堂坐着发呆和在酒馆思考。"常跟路德做伴的是菲利普·梅兰希通（Philipp Melanchthon），他虽然是个公认的苦行僧，但也同样爱着杯中之物（事实上，梅兰希通晚年甚至有一个家庭酿酒作坊，这也符合一个像样的维滕贝格人形象）。据说，路德家中有一个巨大的啤酒壶，壶身有三圈花纹。路德把第一层花纹称为"十诫"，第二层称为"教义"，第三层称为"我们的父"。路德开玩笑说，他自己能一口气喝光整壶酒，同时把信仰的这三个基础支柱从头到尾思考一遍，而梅兰希通在他的啤酒神学里只能喝到十诫的部分。

路德的论纲公开之后，他变成了一个有名的人物，人们无时无刻不在观察他——每喝一杯啤酒都被记录下来。路德的宗教和政治敌人把他说成是维滕贝格酗酒者，不过却没有证据说明他过量饮酒。相反，他讲道时警示人们注意节制，饭菜和饮品是上帝赠予的，不能浪费。1544年，晚年的路德在一次准备布道挪亚醉酒的故事时，打趣说他晚上得多喝一点，这样第二天才可以用自身经验讲述这个棘手的事件。

1525年，路德与前修女卡特琳娜·冯·博拉（Katharina von Bora）结婚。卡特琳娜曾在修道院学习酿造啤酒，也在自己家里运用了这一技术。马丁·路德非常喜欢艾贝克和瑙姆堡（Naumburg）产的啤酒，但他也大力赞扬了自己夫人酿造的、清淡的维滕贝格啤酒。不过，路德家的桌上可不只有卡特琳娜酿的啤酒。根据16世纪30年代的家庭账本的记录，路德家每年买入300荷兰盾的肉类、200荷兰盾的啤酒，而买面包他们只花50荷兰盾。

路德对啤酒的热情，几百年来也被放大了。人们认为这段名言出自他之口："喝啤酒的人，睡得好。睡得好的人，不犯罪。不犯罪的人，会升天。"这段话被贴在许多德国酒馆的门口，也装饰在啤酒壶上。这是一个精美的、合乎逻辑的思想体系。然而没有任何一份当时的资料能证明路德说过这话，更没有写下来过。而且与之相反，路德在他的教义中一贯都把清白和宽恕区分开来，并不是清白无罪或者善行让人上天堂，而是信仰和宽恕。在1521年给梅兰希通的信中，路德这样写道："做一个罪人，有罪却勇敢，然而要更加勇敢地信仰基督，并且让自己在信仰中愉快。"

尽管路德更喜欢喝啤酒，但他也不蔑视葡萄酒。人生需要享乐。还有一段话被认为出自这位维滕贝格的神学家，但这也未经证实："谁不爱葡萄酒、女人和歌唱，谁就是生活中的小丑。"第一个引用这句话的是约翰·海因里希·沃斯（Johann Heinrich

Voss），一位比路德晚200多年的语言学家。

路德1546年逝世时，欧洲的宗教版图正经历大变革。在德意志民族神圣罗马帝国的领土上，新教和天主教的分界线差不多与啤酒地区和葡萄酒地区的分界线一致。在啤酒地区，新教占主导地位。除了德国北部和东部，新教在巴伐利亚、波希米亚和西里西亚都很强势。不过三十年战争[1]（1618—1648年）后，在那些地区的反对新教方获得了胜利，该地区最终留在了天主教一方。天主教会的莱茵地区是葡萄酒的王国，但在帝国以外的其他地区，宗教与酒类的一致性就比较低了。加尔文的新教教义16世纪时在南法的葡萄酒种植区非常流行，而啤酒地区爱尔兰那时却仍效忠于教皇。

三十年战争划清了欧洲各地宗教信仰的界限，饮酒习惯和宗教信仰的一致性越发清晰，不过还是存在例外。喝啤酒的地区，尤其是爱尔兰、比利时、捷克和巴伐利亚至今仍是天主教地区。以新教为主流的葡萄酒地区则有瑞士西部的法语区。所以我们常听到的一种论断，新教地区与喝啤酒多过喝葡萄酒的地区完全一致，是不太正确的。

啤酒花（Humulus lupulus）为宗教分裂和啤酒故事增添了额

---

1 三十年战争：由神圣罗马帝国的内战演变而成的一次大规模的欧洲国家混战，也是历史上第一次全欧洲大战。这场战争是欧洲各国争夺利益、树立霸权的矛盾以及宗教纠纷激化的产物，战争以哈布斯堡王朝战败并签订《威斯特伐利亚和约》而告结束。

外的风味，它也是现代啤酒的主要组成部分。16世纪初，欧洲关于基督教教义内容的战斗打响，这个十年也是"本草"（Gruit herbs）和啤酒花争夺啤酒核心之位的最后大战。

啤酒花早在8世纪就被用作给啤酒调味。12世纪宾根的希尔德加德在其著作《自然界》（*Physica*）中，让啤酒花闻名欧洲学者圈，"啤酒花温暖而干燥……如果把它放到饮品中，其苦味会阻碍腐坏，延长保存期。"后来成为啤酒花栽培工人的守护圣徒的圣希尔德加德，也指出了为何啤酒花甚少被使用："……因为啤酒花会导致忧郁，让人们意志消沉，引起腹痛。"

那个时候酿造啤酒常加入其他植物调味。有一种草本植物的混合特别流行，被称为"本草"。每个地区的混合成分各有不同，但其主要味道来自"香杨梅"（Myrica gale），这种灌木植物生长在中欧和北欧的海岸、河岸及水道边。此外，大部分植物混合含有迷迭香、月桂叶、蓍草和针叶树的松脂。宾根的希尔德加德对本草也很熟悉，她还写到过一种名为"杨梅树"（Mirtelbaum）的植物，估计这与地中海岸生长的"香桃木"（Myrtus communis）并不是同一种，而是在德国生长的杨梅属植物香杨梅，"想酿造啤酒的话，把它的叶和果一起煮，得到的饮品会更健康"。

本草对酿造啤酒起的作用和啤酒花是一样的。本草为啤酒添加口味，通过苦味物质改善啤酒的保质期。中欧平原上普遍生长着香杨梅，所以在中世纪制作本草并不困难。不过，使用本草也不是免费的。早在9世纪就出台了第一个法令，规定只有修道院才能使用本草。接下来的几百年中，中欧的人们也正是这样遵从的。修道院、主教辖区和其他垄断本草的人，可以向其他啤酒酿造者出售使用权。出售本草使用权，后来变成一种啤酒税，为教会带来可观的收益。

　　啤酒花早在13世纪就在波兰、波罗的海诸国和俄国成为酿造啤酒最重要的组成部分。它逐渐传入德国和荷兰，抗衡本草。这个变化延续了几百年，因为一方面，人们倾向于用原本的酿造方法酿酒，另一方面，啤酒花的口感更苦，用本草调味的啤酒比用啤酒花调味的甜得多。在14世纪的荷兰，啤酒花打败了本草。在15世纪中期，荷兰天主教会取消了本草税。德国在这方面的转变发生在15、16世纪，德国西部的莱茵地区使用本草时间最长，比如在科隆，直到16世纪初啤酒花才变得比本草更受欢迎。一个接一个的德国酿酒厂停止使用本草，这让天主教会的收入一点一滴地缩减。路德的论纲公开以后，从本草到啤酒花的过渡也成了一个宗教政治上的决定，使用啤酒花，不需要向教皇缴税，甚至在天主教主宰的地区也不需要。人们对本草的偏爱迅速衰减，在16世纪初短短几十年内，用香杨梅调味的啤酒就变成了遗风。自此，在欧洲的教会历史和啤酒历史上，翻开了啤酒花调味的崭新一页。

艾贝克正宗勃克黑啤
Einbecker Ur-Bock Dunkel

德国，艾贝克

类型：勃克啤酒

酒精含量：6.5%

原麦芽：16.3° P

苦度：36 EBU

色泽：34 EBC

　　1521年，马丁·路德在沃尔姆斯会议上为自己的论纲辩护时，他发现了艾贝克啤酒的美味。四年后，在他与卡特琳娜的婚礼上，按他自己的话说，想为客人们提供"我所知的最好的饮料"。婚礼订购了11桶艾贝克啤酒，共4 400升。

　　艾贝克与其他德国北部城市的酿酒产业在16世纪末逐渐减少，因为当时孱弱的汉萨同盟（Hanse）[1]不再向其他市场输出以前那么多的啤酒，有名的酿酒师都搬去了慕尼黑。17世纪在那儿发展出一种叫"勃克"（Bock，意为山羊）的烈性啤酒，因为那个产啤酒的城市在巴伐利亚方言里听起来像"艾勃克"（意为一只山羊），之后取名时省去了第一个音节。

　　艾贝克的酿酒厂遵循着故乡的酿酒传统。正宗勃克黑啤在16世纪成为最有名的啤酒，其色泽是铜棕色，带有麦芽甜味。口感上有焦糖味的麦芽香气，还有调味植物的烟熏味，余味中有浓烈的啤酒花味。

●

1　汉萨同盟：德意志北部城市之间形成的商业、政治联盟。"汉萨"一词，德文意为"公所"或者"会馆"。13世纪逐渐形成，14世纪达到兴盛，加盟城市最多达到160个。

17世纪荷兰小酒馆里热烈的气氛。

阿德里安·布劳威尔（Adriaen Brouwer）：《抽烟的男人们》（*Männer rauchen*），1636年。

4

农民画家和酒馆画家

　　许多艺术家都从啤酒中寻求灵感——不管是个人享受，还是在对画作图案的选择上。对啤酒的描绘在16、17世纪的尼德兰画作中扮演着重要角色。老彼得·勃鲁盖尔（Pieter Brueghel der Ältere，约1525—1569年）和阿德里安·布劳威尔（Adriaen Brouwer）带着他们的啤酒主题画作走进了艺术的历史。他们没有画梨、苹果和啤酒壶那样古典式的静物，而是生动地描绘了农民的庆祝活动和啤酒馆里的热烈场景。

　　老彼得·勃鲁盖尔是佛兰德文艺复兴时期的著名画家之一。他出生在今比利时与荷兰交界处的林堡省，在安特卫普学习美术。在其绘画生涯初期，他不仅在安特卫普也在意大利作画，16世纪60年代初搬到布鲁塞尔，之后他画作中的讽刺风格发展到了极致。

　　在安特卫普居住时，勃鲁盖尔就把身边农民的生活画到了画布上。搬到布鲁塞尔以后，喝啤酒的景象就更多地出现在他的画中。和其他许多文艺复兴时期的画家不同，勃鲁盖尔从不强调人华丽光鲜的一面。他画作中常常有那些带着浑浊的目光，看起来僵硬蠢笨的人物，这些人物有时在争吵，有时因过量饮食松垮地躺在地上。艺术历史学家们深入研究了这种风格，现在一般认为，勃鲁盖尔画作的意义并不像他那时大多数"学者"们所说，是为了讥讽嘲笑乡村人民，相反，他正是想要讽刺这种普遍的道貌岸然。购买并赞赏勃鲁盖尔画作的贵族们，拥有的是和图上农民同样的恶习，然而在双重标准驱使下他们多数并不会承认这一点。所以说，这些画作基本上就是观者自己灵魂的写照。

尽管勃鲁盖尔有意识地用简明的手法进行创作，他画的布拉班特公国的乡村景象和风俗仍被认为是非常写实的。勃鲁盖尔尤其喜爱布鲁塞尔西边的帕约腾地区，常把这里丘陵起伏的风景绘入画中。富饶的帕约腾地区为布鲁塞尔的市场和商店提供食物和饮料。此地区最有名的特产就是塞纳河谷中酿造的传统拉比克啤酒。那里的拉比克啤酒使用野生酵母，而勃鲁盖尔也把这传统的特产啤酒绘制到了木板上。

勃鲁盖尔在他的油画《丰收》（荷兰语De Oogst，1565年）中，描绘了乡村的工作和闲暇。画作左侧，乡村工人在小丘般的麦田里劳作，他们把小麦收割打捆。图的右侧则被正在吃饭休息的工人们占据了画面，盘子里装着谷物做的粥，有人从巨大的壶里喝着啤酒，还有一个工人正在小憩。

在油画《农民的婚礼》（荷兰语De Boerenbruiloft，1568年）中，啤酒的角色也非常突出。在长长的婚礼餐桌边坐着各种宾客，看上去他们似乎不太与邻座交谈，更在乎填饱肚子。坐在桌子一头的一个有钱人却觉得，人不应该只靠面包活着，他正在做祷告，邻座的修道士却对着他喋喋不休。宾客们吃着米粥，从陶壶中畅饮啤酒。画作背景处，可以看到一些衣着简单的人站着喝酒，一位风笛乐师向菜肴美酒投去渴望的目光，一位仆人正往一个酒壶里倒淡色啤酒。艺术学家们认为，这幅油画象征性地参考了《迦拿的婚礼》（*die Hochzeit zu Kana*），勃鲁盖尔讽刺了和他同时代的人只顾自己的利益，看不到身边的精彩。

勃鲁盖尔的另一幅展示啤酒的画作《农民的舞蹈》（荷兰语 *De Boerendans*，1568年）最为热情洋溢，农民们在一排商店旁迈开腿欢快舞蹈着。除了舞蹈以外，还有一个重要部分就是图左侧坐在酒馆前的一堆人：几个喝啤酒的人挥动着双臂，要给乐师一点喝的；一个人强行去亲吻他旁边不情不愿的男人；一个人站在酒馆墙边在"放水"。天色渐晚，其中一些喝酒的人看起来昏昏欲睡。

勃鲁盖尔于1563年结婚，他的两个儿子同样也成为画家：彼得（人称小勃鲁盖尔）于1564年出生，扬于1568年出生。虽然老勃鲁盖尔在生前就成为有名的艺术家，但人们对他的个人生活却了解甚少，而且他早逝（享年44岁）的原因也不为人知。

关于勃鲁盖尔喜好的啤酒口味没有相关的历史记录，不过关于另一位佛兰德巨匠——阿德里安·布劳威尔的喝酒习惯，可是有不少趣闻逸事。在他身上正印证了那句拉丁俗语"姓名决定职业"，布劳威尔这个词在荷兰语中正是指农民这个职业。不过，有可能这个名字并不源自其祖先的职业，而是指其祖先在法国西北部的拉布吕耶尔的居住地。

布劳威尔于1606年出生在佛兰德的城市奥德纳尔德（Oudenaarde），17岁时离家到阿姆斯特丹——一座对艺术生涯有无限可能的城市。他很快成名，不仅因为他是天才画家，也因为他是阿姆斯特丹和哈勒姆（Haarlem）酒馆的常客。虽然他通过画画赚得很多，但他的生活方式导致他长期负债。柯尼斯·德·比耶在他的墓志铭上写道："他画得很慢，钱都拿去喝酒虚度，成天在小酒馆中，一边大笑一边吞云吐雾。"

在堕落粗鄙的"小酒馆"里，布劳威尔也找到了他画画的灵感。1631年到了安特卫普之后，他的生活方式没有任何改变。他拥有一帮追随者，而酒馆成了他第二个家。打架斗殴、玩牌吸烟，还有喝啤酒，都是他创作的中心主题，布劳威尔描绘了乡村的农民酒馆和城市里的大酒馆。这些酒铺都是用深色木板装修的，直到今天，人们在荷兰仍能看到这样的"棕色酒馆"。他画作中的内容是深色的，连啤酒也是深色的。画中出现的应该大多是佛兰德棕色艾尔啤酒，荷兰语称"oud bruin"。在画家的故乡奥德纳尔德，今天还有一家叫作"罗马啤酒厂"的在运营，他们生产一种用画家阿德里安·布劳威尔命名的啤酒。当然，是棕色艾尔啤酒。

在布劳威尔的作品中，模糊的主题和细腻的绘画手法之间有一种微妙的矛盾。深色酒馆中，人物的脸部表情占中心位置。比如在油画《抽烟的男人们》（荷兰语*Mannen roken*，1636年）中，一个男人纵情高举酒壶，第二个男人正用手指擤鼻涕，第三个男人望着前方微笑，剩下两个男人专心致志地吐着烟圈。在油画《小酒馆里》（荷兰语*In de Taverne*，17世纪30年代）中，一群人坐在桌旁围着一杯棕色啤酒狂欢。

这样的生活方式让人付出了代价。由于长期抽烟、过量饮酒和极差的营养，布劳威尔的心脏很衰弱，于1638年停止了跳动，年仅31岁。因为没有财产，他起先被埋在公墓，后来艺术家公会成员将他的墓迁至安特卫普的加尔默罗修道院。在他的墓碑上写的死因并不是心脏病发作，而是"贫穷"。

并不是所有酒馆画家都英年早逝。除了勃鲁盖尔和布劳威尔以外，小大卫·特尼斯（David Teniers der Jüngere，1610—1690年）和阿德里安·范·奥斯塔德（Adriaen van Ostade，1610—1685年）也是以啤酒主题而闻名的。这四位画家奠定了尼德兰画派[1]的基础：在世俗生活中取材。

佛兰德画家特尼斯的画作，在一定程度上结合了布劳威尔和勃鲁盖尔的啤酒主题。他有时会画深色调的酒馆，比如《把手

1　中世纪的尼德兰包括荷兰、比利时、卢森堡以及法国东北部的一些地区，是当时欧洲资本主义经济十分发达的地区，因此文艺复兴时期尼德兰美术也取得了辉煌成就。作品大多表现传统的宗教题材，却由于画家对描写世俗生活和周围环境的兴趣大大增长，作品中不时体现出现实主义倾向。

肘放在桌上的抽烟者》（荷兰语*Roker scheve zijn elleboog op een tafel*，1643年）。他的其他画作则像勃鲁盖尔的手法，用鲜明的色彩展示喝了啤酒狂欢舞蹈的农民。而荷兰画家范·奥斯塔德喜欢描绘喝啤酒的人的日常情景，他最有名的一幅画是《农庄前的小提琴手》（荷兰语*Violist voor een boerderij*，1673年）。

　　这四位啤酒画家的一个共同点就是善于描绘细节。如果比对他们的作品，可以清楚地看到荷兰各地区不同的啤酒文化。在荷兰阿姆斯特丹周边和佛兰德的安特卫普，人们比较喜欢喝深色啤酒。在布鲁塞尔和布拉班特，人们则更常喝浅色拉比克啤酒和小麦啤酒。此外，日益富裕的生活状况也清晰可见。勃鲁盖尔画的16世纪的农民从无花纹装饰的陶壶里喝酒。接下来的一个世纪里，在乡村酒馆出现了带把手的陶壶，在城市酒馆则可以见到带盖子的木质酒壶，在中层阶级经常光顾的酒馆里出现了笛状的啤酒杯。大卫·特尼斯在《酒馆里的自画像》（荷兰语*Zelfportret in de taverne*，1646年）中就举着这样一个啤酒杯，他脸上放松、满意的表情充分说明，他十分享受这种偶尔为之的艺术家生活。

林德曼法柔啤酒 Lindemans Faro

比利时，佛雷森贝克（Vlezenbeek）

类型：拉比克啤酒
酒精含量：4.5%
原麦芽：16° P
苦度：23 EBU
色泽：25 EBC

　　拉比克啤酒在酒桶发酵后就可以直接饮用了。生的拉比克通常是被酿成新老啤酒的混合（贵兹啤酒），或者加入各种果味酿成水果啤酒，或者酿成法柔啤酒（Faro）。法柔是酒桶发酵后的拉比克、一年发酵的拉比克和冰糖的混合。因此，法柔比贵兹更清淡，带着典型的酸甜混合的新鲜口感。

　　在勃鲁盖尔和特尼斯的画中，布鲁塞尔周边地区的农民喝着浑浊的浅色啤酒（可能是贵兹），也喝着深色一些的拉比克，看颜色像是法柔。特尼斯和范·奥斯塔德的作品中常常出现的细长笛状酒杯，是17世纪拉比克与小麦啤酒的典型饮用器皿。

　　佛雷森贝克位于布鲁塞尔附近，拥有3 000居民，是一座美食大城。那里有著名的比利时高级巧克力制造商诺豪斯（Neuhaus），还有1822年林德曼家族（Lindermans）创建的拉比克酿酒厂，这是当时新的商业化乡村拉比克酿酒厂的其中一家。林德曼法柔啤酒是一种起泡的琥珀色拉比克啤酒，带有冰糖的甜味。口感适中，微酸。

一个士兵与一个农夫相遇。
三十年战争时期的铜版画。

5

克罗斯蒂茨的胜利之饮

　　德国东部与捷克交界处的萨克森州，还保持着早期选帝侯国及后来的萨克森王国的一些传统。州内的重要城市要数莱比锡（Leipzig）和德累斯顿（Dresden）。莱比锡北边是克罗斯蒂茨（Krostitz），它旁边的小村庄布赖腾费尔德（Breitenfeld）因为三十年战争中的两次战役（1631年和1642年）而闻名，战役中瑞典的炮兵和芬兰的前进骑兵（芬兰语意为"往前冲"）表现出色。像其他许多德国村庄和小城镇一样，克罗斯蒂茨也是由一片中世纪封地形成的。根据习俗，君主把莱比锡北边的一个农庄赐给他的一个忠诚的骑士，还包括土地上的所有农奴。我们不太清楚，这位骑士是根据这片土地获得"克罗斯特维茨"（Crostewitz）的称号，还是农庄及之后的村庄用了封地主的缩写名字。不论如何，中世纪已经存在克罗斯特维茨这个地名，或写为"Crostitz""Krostitz"。这个地方因酿造啤酒和种植啤酒花出名，甚至在三十年战争中，瑞典国王古斯塔夫二世·阿道夫（Gustav II Adolf）曾与当地的酿酒传统发生过故事。今天的克罗斯蒂茨属于大莱比锡城，有些游客经过这个城区都察觉不到它的存在，直到酿酒的麦芽香味扑鼻而来。

三十年战争初期，萨克森选侯约翰·格奥尔格一世（Johann Georg I）支持哈布斯堡王室和天主教，而他自己的侯国几乎没有被战争波及。然而瑞典参战后，他与瑞典结盟并支持新教，情况就变得不一样了：战火烧到了萨克森。

在当时的战争中，死于病痛，尤其是肠道感染的士兵甚至比被敌方杀死的更多。战区的大量平民同样也饱受传染病之苦。最严重的传染源之一就是被污染的水源。今天，欧洲各处的瓶装矿泉水都有美誉，也能卖出好价钱，超市里放水的货柜又长又大——这一现象也是有其传统的。

让我们想象一个欧洲城市的传统住宅区，住宅区四面都是多层的楼房，楼房之间有一个庭院，院落中搭着柴火棚子、茅厕、马棚或其他动物的棚子，中间是一口井。这样一个住宅区里会住上几百人，还有作为交通工具或者食物的动物——马、猪、鸡、兔等。不用想也知道井里面的水有多脏了，当时还没有现代的引水系统和下水道。

乡村里也差不多。村庄和牲口棚的井水虽然不直接影响健康，但在几百年来的聚居地，井水的味道也不怎么样。人们常常犯胃病，到近代甚至还把责任推到犹太人或其他被敌视的人身上，说是他们在井水里投毒。

井水污染是不时的战争和动乱的产物。一大队男人和马在路途中会留下大量的粪便，而那些行进中或者从敌方地域撤退的士兵们，没办法特别注意清洁。

在任何时候，啤酒酿造者都非常重视清水的作用。只要泉水或井水中有一丁点杂质，哪怕是化学家只能在现代实验室中发现的杂质，都会给啤酒带来很明显、很易察觉的异味。酿酒者使用的水越纯净，他的啤酒就越好销售。酿酒时会非常精准地煮沸调味成分，然后在当时算特别干净的容器里发酵，让啤酒花的苦味物质和酒精杀菌。所以说，啤酒是无害的饮料——相较于生水，是消过毒的。古时候的人还不知道细菌和微生物，但那时的人们在实践中发现，喝啤酒的人比喝水的人更健康。因此，战略家在计划行军和战争时，考虑所到之处的啤酒储备，也就不足为奇了。

当然，说战略家们在战争部署时只计划啤酒的储备量，未免言过其实。不过事实上，士兵们到达一个地区后，只会用水饮马，自己则会先去地主仓库和酿酒厂解渴，接下来在农庄和城市楼房中搜寻，直到啤酒喝光之后才会去喝水。在德国多处发现了三十年战争期间的大量文件，其中记录了士兵强制征收物品为乡村和村民带来的不幸。比如1632年至1633年间，莱比锡周边的人们抱怨道，前进和撤退的军队拿走了所有物品，喂家畜的稻草所剩无几，人们必须用其他代替材料，甚至是用豌豆荚和谷糠来烤面包，喝啤酒就只能是梦想了。

1631年夏天，战争已经席卷了莱比锡地区。9月来临时，蒂利伯爵（Graf Tilly）率领的天主教盟军撤退时带走了搜刮到的所有粮食，包括那些刚收割还没有脱粒的谷物。各类时疫，包括黑死病开始大面积传开。有些田地里还留着没有收割的谷物，居民们把这些当作度过冬天的希望。

天主教盟军撤退后不久，新教的瑞典军队跨越了克罗斯蒂茨，传说这是一支令人惊讶的军队：高大雄壮的士兵装备精良，遵守纪律，不抢不夺，而且向居民恳求食物时，还用响当当的硬币支付所得。

9月17日上午，克罗斯蒂茨一位不知名的农民等着他的雇农们来收取年底最后一捆稻谷，然而雇农们和运粮车却不知所踪，这位农民预感到了不测：雇农们遭遇了什么……难道是被敌人遇上了？

谷物急待装车。

在远远的乡间大道上，一位形单影只的骑士骑着马小跑而来。农民心情紧张，看到骑士已经发现了他，并且朝他的农庄走来。难道农民又得履行什么新的义务了吗？他到现在一直珍藏在仓库里的啤酒，会不会被发现？逃跑已经来不及了。

骑士在农庄门前勒住了气喘吁吁的马。农民上下打量着他：马匹是高贵的品种，这个年轻的红脸骑士穿着宫廷服饰，看起来是位贵族。陌生人开启了问话："这房子里平时会酿造啤酒吗？"农民不敢撒谎。"您是房子主人吗？"农民再次低声答应。"您现在有啤酒吗？"

农民感到心脏都快要跳出嗓子眼儿了，现在说不，只会让事情更糟，因为真相早晚会被揭开。他小心翼翼地说："只有很少很少一点，是我为庆祝丰收保存的啤酒。"

　　"上帝保佑，太棒了！瑞典国王马上要路过这里，请您给我一点解渴的饮料。我们一路走来，什么都被喝光了，连水都不剩。我以国王的名义请求您，请您用最好的啤酒壶，装满精酿的啤酒，把它放在乡间大路边，以此向尊贵的君王致敬，这样才符合他的身份。"

　　说完这话，骑士转身离开，他的马向乡间大路奔去。这位应该就是17岁的奥古斯都·冯·洛伊勃分（August von Leubelfing），国王的宫廷侍从。这位农民很高兴来者是瑞典军队，也很高兴自己能为强大的国王效力，于是装了满满一壶啤酒站在路边。

　　国王的军队到来了。风尘仆仆的步兵后面跟着半队龙骑兵，再之后是举着蓝黄色旗帜的骑兵队，农民认出了瑞典国王。国王唤道："哎，看呀，一位善良的好心人，让我从口渴的痛苦中解脱出来！"他勒住马，接过酒壶。农民被他庄严的目光所感动，不禁吟诗："愿无比仁慈的君王把敌人打得落花流水，正如他接过酒壶一饮而尽！"

　　国王笑着说："现在我没有别的选择了，只能把酒喝光，一滴不剩。"然后他一口气喝光了啤酒，擦了擦胡须说道："太舒服了。这啤酒够味，口感好，享誉盛名！您为军队做了好事，上帝一定会保佑您的！请收下这个。"说完，国王从手指上取下一枚金色的宝石戒指，把它放进空酒壶里，然后递给农民。之后，古斯塔夫二世带着军队向布赖腾费尔德的方向前进。

午时，从布赖腾费尔德传来轰隆的大炮声。下午战斗的喧嚣消退之后，人们得到消息，瑞典赢得了胜利。

这个传说后来并没有说明消失的运粮车和雇农到底去哪儿了，也没有说这个农民是如何庆祝他的丰收的。不过，这个美味啤酒酿造使用的清水来源——那口井，却因此得名"瑞典泉"。直到今天，在克罗斯蒂茨仍然流传着这个说法，说新教在布赖腾费尔德的胜利，要归功于那美味的啤酒，是啤酒给了古斯塔夫二世无穷的力量，让他在1631年9月17日这天信心十足地踏入战场。

让我们走出传说，回到现实中来。关于骑士封地克罗斯蒂茨第一次确切的文字记录出自1349年。封地上也有一家酿酒厂——这是自然的，那可是在德国。这个酿酒厂一开始就享誉盛名，连马丁·路德都曾赞誉过克罗斯蒂茨的啤酒。古斯塔夫二世的传说没有任何历史文件可以证明。用现代概念来说，这个故事也许是为了在选侯国创立品牌所用的市场战略。无论如何，这个故事在三十年战争之后，就一直在克罗斯蒂茨啤酒的市场上广为宣传，而且这个酿酒厂到现在还保存着国王戒指的"真实复制品"。酒厂也仍旧使用"瑞典泉"的水来酿酒。当然，原本传说中的那口井早就被沙地填平，不过现在的酿酒厂使用的是同一处的地下水储备。还有一点需要强调的是，传说中的国王称赞这种啤酒很"够味"是因为制作调味成分时使用了大量的麦芽和啤酒花。这样的啤酒，在宁静的地窖中形成，酒精含量高。

17世纪的啤酒酿酒厂因为运输问题，最多只能是当地的企业。接下来的百年间，在这方面有了卓越的进步。王国里建造了宽大稳固的乡村公路，沉重的谷物和啤酒运输车可以轻易在路上前行，到了19世纪甚至还有了铁路。运输情况的改善，为酿酒企业在生产、销售和创立品牌方面，打开了全新的视野。在克罗斯蒂茨也是这样。1803年，骑士封地的领主是一位叫海因里希·欧伯兰德（Heinrich Oberländer）的人，他开启的欧伯兰德啤酒王朝延续了120多年。1878年酿酒厂从封地分离出来，成为独立的企业，1907年成为欧伯兰德啤酒酿造股份公司。在19世纪中期，工人数量从约40名增加到200多名，原来的木屋变成了一批五层楼的楼房，成为一整个住宅区。克罗斯蒂茨啤酒在整个中德地区都很有名。

第二次世界大战后德国一分为二，莱比锡地区包括克罗斯蒂茨啤酒厂隶属于民主德国。原来的欧伯兰德公司则变成了克罗斯蒂茨国营酿酒厂，他们当时唯一能保留的历史遗宝，是印在酒瓶上作为商标的古斯塔夫二世的肖像。

正宗克罗斯蒂茨精细香草比尔森啤酒
Ur-Krostitzer Feinherbes Pilsner

德国，克罗斯蒂茨

类型：比尔森啤酒
酒精含量：4.9%
原麦芽：11.7° P
苦度：26 EBU
色泽：8 EBC

　　德国统一之后，克罗斯蒂茨酿酒厂属于拉德贝格企业集团。酒厂仍高度保持了瑞典传统：商标上的古斯塔夫二世像以前一样庄严肃穆，酒厂工人会在节日穿上瑞典制服，出演三十年战争时期的情景。酒厂有一个古斯塔夫博物馆和一个同名大厅，瑞典的王室成员曾造访过这里。

　　这个酿酒厂在21世纪全部重建，今天已成为欧洲最现代的酒厂之一。在古斯塔夫二世威严眼神的守护下，酒厂每年生产约4 000万升啤酒。现在顶级的产品是精细香草比尔森。这种啤酒有明显的药草、啤酒花和苹果香气。口感干烈，有麦芽味，微苦。

彼得大帝（Peter der Große）1698年造访伦敦船厂，认识了工人们的饮料——波特黑啤酒。

彼得·麦克利斯（Peter Maclise），彼得大帝在德普特福德船厂（*Peter der Große auf der Werft Deptford*），1857年。

6

俄国对欧洲的渴望

彼得大帝超越了同时代的人——不光是在身体上（两米零三的身高），也在精神上。在战场上他是最勇敢的战士，在政事上他有雄才伟略，在饮酒上他豪气冲天。这位沙皇消耗的伏特加量，就算是练习过喝酒的人也没几个能达到。不幸的是，俄国民众虽然也狂饮，但大部分都没有彼得大帝这样的好酒量。沙皇意识到了这个问题，决定让人民保持清醒。他把视线转向西方，为祖国的饮酒需求寻找一个欧洲的解决办法。

1682年，年仅十岁的彼得与智力低下的哥哥伊凡五世并列为沙皇。实际上掌权的是彼得同父异母的姐姐索菲亚及彼得母亲娜塔莉，直至彼得成年。这位未来的国家首领当时还不需要关心日常的统治管理，所以他在青年时代能专心学习各类生存技能。

彼得热衷研究的主题中就有欧洲。17世纪末的俄国是一个落后的国家，在一定程度上还处在中世纪水平，经济不发达，人民拒绝接受新事物，教会在社会上享有中心地位。年轻彼得的谋士是苏格兰人帕特里克·戈登（Patrick Gordon）和日内瓦人弗朗索瓦·莱福特（François Lefort），他们给彼得讲述了许多关于西方求新求变的精彩故事。戈登了解欧洲的学校和军队体制，莱福特则对交易、航海和人生享乐颇有研究。彼得对莱福特的饮酒习惯尤其感兴趣，俄国人喝了伏特加后只是不省人事，而莱福特却能在微醺时讲出最生动有趣的故事。

17、18岁时，彼得开始在莫斯科过起了夜生活。因为他身材高大，也因为经验逐渐丰富，他比别人更能喝。他的非官方组织中一个叫"搞笑者和小丑们最疯狂最烂醉的宗教会议"的尤其出名，有时他们的嬉闹活动能持续一整天。教会代表们指责这个团体堕落下流的行为，但另一方面却有许多主教和修道士把参加"宗教会议"的畅饮看作一种荣耀。

17世纪90年代初，彼得成为唯一执政者。1695年他为了获取亚速海（以及黑海）的出海口向奥斯曼帝国宣战。之后，他出发去欧洲学习实践经验。这次旅行的主要目的是军队的现代化和海军的建造，此外彼得也希望能让俄国在其他方面实现现代化——包括对美食美酒的享受。

在荷兰停留了一段时间后，1698年彼得带着仆从来到了伦敦。他搬进泰晤士河岸诺福克街（今天的圣殿广场）一家酒吧的楼上。彼得每天都去研究码头和船厂，更兴致勃勃地亲自动手操作，到了晚上他就去放松解压。这群俄国人在酒吧的底楼喝着一种深色啤酒，这种啤酒也是码头工人的最爱。根据当时一个在场者描述，彼得对一个想给他倒酒的服务生大笑着说：

"别管这杯子了，给我拿个壶来！"除了啤酒和烟草，男人们也品尝白兰地。之后一年的春天，这群俄国人搬到德普特福德船厂附近的一座私人别墅里，这时高酒精度的啤酒就登上饭桌。这些俄国房客搬走之后，房屋主人作家约翰·伊夫林发现自己的别墅遭受了彻底的破坏，他不得不把三层楼的地板，甚至全部的家具都换成新的。根据账单，俄国房客支付了赔偿，包括"50把被打破的椅子、25幅被撕坏的油画、300扇窗户的玻璃，以及房间里所有的锁"。

1698年8月，充满激情的君主回到了俄国。他觉得是时候让俄国人民清醒过来、让俄国强大起来了。彼得非常注重富国强兵，他实行了军队改革，在几年内便征战四方获得胜利。1703年，他在前瑞典领土上涅瓦河的入海口建立了彼得保罗要塞。随着国土的扩张，皇帝的胃口也大涨。一年后，沙皇决定把还在建设中的圣彼得堡（St. Petersburg）定为帝国首都。

建设工作自然会让人觉得口渴。彼得大帝特别关心建造工作的进度，因此工人们得到了啤酒。伦敦码头和船厂的工人也喝过这种深色的琼浆，没有任何懒惰和酗酒的迹象——俄国游客除外。未来首都的设计师和建筑师得到的啤酒是从英国运来的，和沙皇在王宫里喝的一样。建筑工人只能喝当地酿酒厂的啤酒，不过也并不难喝。最终，啤酒酿造在俄国创造了一个百年传统。

基辅大公弗拉基米尔（Vladimir）后来同样被称为大帝，他在10世纪末就开始思考，自己和人民应该走向哪个宗教。据说他完全不考虑伊斯兰教，因为伊斯兰教禁酒。最终弗拉基米尔选择了拜占庭而不是罗马，为俄国打开了东正教的大门。值得一提的是，俄国在此之前并不是一个一直喝伏特加的国家，即使俄国有这亘古不变的名声。是半个世纪后，人们才认识了这种蒸馏过的烈酒。所以，拒绝了伊斯兰教的弗拉基米尔和他的人民在10世纪最爱的饮料另有他物：蜂蜜酒、克瓦斯酒和啤酒。俄语"хмель"对应的芬兰语既指为啤酒调味的植物啤酒花，又指酒精引起的醉意。这也说明，啤酒是当时俄国人买醉的饮料。之后风俗就改变了。关于蒸馏伏特加在俄国最早的文字记录来自1558年，然而16世纪末就有人指责烈酒成了一个民族性问题。

在彼得大帝时期，啤酒迅速成为最受欢迎的饮品。尤其是最易受西方影响的城市中上阶层，开始摒弃伏特加，更多喝啤酒及其他"欧洲"的饮料。农村最贫穷的人群也饮用比较清淡的传统饮料。然而这个改变并不持久。彼得年老时，西方风潮退去，而让人民清醒也不再是国家的核心问题。再说，伏特加也有其优势，它能给国家带来可观的税收。

彼得大帝执政期过去几十年后，宫廷政变此起彼伏。宫中也喝啤酒，但更倾向饮用法国酒，从葡萄酒到科涅克白兰地。18世纪60年代，啤酒重新流行起来，因为来自德国的叶卡捷琳娜大帝（Katharina II die Große）非常喜欢麦芽饮料。在她采尔布斯特（Zerbst）的婚礼上，她父亲送来了德国酿造的啤酒。俄国啤酒当然不能讨叶卡捷琳娜的欢心，她每年都从伦敦订购大量深色啤酒到王宫。此外，她还要求俄国酿酒厂聘请英国酿酒师。酿酒厂严格遵循顾问的意见，啤酒质量也得到了明显改善。

除了国内啤酒制造的改革以外，俄国贸易也在蓬勃发展。在叶卡捷琳娜的执政期内（1762—1796年），啤酒进口变得简单了很多。1784年英国旅行作家威廉·考克斯（William Caxe）在回忆圣彼得堡之行时写道："……而我从来没喝过比这更好、更醇厚的英国啤酒与波特黑啤。"1793到1795年间，俄国进口了50万卢布的啤酒，是进口调料的两倍。不过叶卡捷琳娜也没有改变俄国的饮酒风俗。18世纪的伏特加消耗量上升了2.5倍——这个趋势后来继续上涨。20世纪90年代，啤酒再一次在俄国流行起来。人们再次把啤酒与对欧洲的想象联系起来。这一次，仍然是城市受过教育的居民们热衷于用啤酒代替伏特加。

在历史学上女性普遍是被忽视的，在啤酒历史的殿堂中，男性的支配尤其明显。但叶卡捷琳娜自夸道，她的啤酒酒量可以匹敌宫廷中所有的男人们，这确实是一个例外。大多数女性，比如在下一章会提到塔尔图（德语Tartu，瑞典语Dorpat）的啤酒寡妇，在历史上只是不知名的人物。在过去几百年的有名女性中，只有少数是喜爱啤酒的，比如奥匈帝国的皇后伊丽莎白（Kaiserin Elisabeth），即茜茜公主。

许多啤酒都根据历史上伟大的男性命名，我们在书中举出了一些具有代表性的例子，这方面女性就出现得很少了。叶卡捷琳娜大帝的名字，至少还有比利时的小酿酒厂斯米舍（Smisje）

用来为其"帝国司陶特"（Imperial Stout）啤酒命名。也有一种向波希米亚的男爵夫人乌尔丽克·冯·莱维措（Ulrika von Levetzow）致敬的啤酒，名为"扎泰茨男爵夫人"（Žatec Baronka）。1821年，约翰·沃尔夫冈·冯·歌德（Johann Wolfgang von Goethe）在皇帝森林附近度假，这是波希米亚西部的一个丘陵地带，歌德在此认识了18岁的乌尔丽克。这位贵族小姐向73岁的诗人介绍了美丽的风景，并领着他参观了一家当地的酿酒厂。上乘的波希米亚啤酒和年轻女子的美貌，让年老的诗人神魂颠倒。回到家后，歌德忘不了女子，还非常认真地准备向她求婚。这段罗曼史并没有开花结果，但促使歌德写出了一系列著名的情诗——《玛丽恩巴德悲歌》（Marienbader Elegie）。

波罗的海6号波特啤酒

俄国，圣彼得堡

类型：波特啤酒
酒精含量：7.0%
原麦芽：15.5° P
苦度：23 EBU
色泽：162 EBC

　　俄国沙皇宫廷贵族们饮用从英国进口的啤酒，尤其喜爱烈性的司陶特啤酒。这款啤酒后来在19世纪被称为皇室啤酒——"帝国司陶特"。从18世纪起，圣彼得堡及其周边的酿酒厂开始酿造类似的深色啤酒，于是波罗的海波特啤酒就出现了。这种酒非常适合搭配俄国的前菜，比如黑麦面包和酸黄瓜。

　　啤酒酿造的传统也延续到苏联时期，尽管当时的产品质量参差不齐。苏联时代后期，为了拯救苏联啤酒的声誉，列宁格勒建立了一家新的高质量的酿酒厂，并且在1990年秋天建造完工。这家被叫作波罗的海的酿酒厂在1992年被私有化，四年内就发展为俄国最大的啤酒酿造厂之一。今天它是欧洲第二大酿酒厂，2008年起由丹麦酿酒企业集团嘉士伯（Carlsberg）经营。

　　波罗的海6号波特与其英国前身不同，是一种下层发酵（桶底发酵）的啤酒。颜色近乎黑色，斟酒时会产生一圈厚重的浅色泡沫，闻起来有黑麦面包、烘烤香气和麦芽糊的气味。口感上有麦芽味，带一丝巧克力口味，非常干燥。余味中能尝到甜橙和啤酒花的味道。

妇女和儿童在酿酒厂大多只做帮工，然而18世纪在塔尔图，他们承担起了全部的酿酒工作。
17世纪的木刻版画。

7

啤酒是孤儿的幸福

从中世纪末开始，欧洲大城市的啤酒酿造逐渐变成不对外开放的公会特权，在塔尔图也是这样。塔尔图是欧洲北部最古老的城市之一，在这里几百年间只允许大公会的成员酿造啤酒，但在18世纪，一些小公会开始竞争这一特权。俄国当局厌倦了公会之间的争吵，于1783年在大规模行政改革的环境下，颁布了一项英明的决策：两个公会都不能垄断啤酒贸易，在塔尔图，未来应该让寡妇、孤儿等群体酿造啤酒。因为这些人除了酿酒，无法通过其他方式赚取生活费。

在英国和荷兰，啤酒酿造商公会体系早在14世纪就形成了，这些公会成立的目的是为了保障其成员的生计。因为不愿意增加酿酒厂的数量，当时只有两种方式加入公会：继承或者购买一家酿酒厂。每个城市对行业专业知识的要求都不一样，比如15世纪的维斯马（Wismar）的公会章程中写着，任何一位品行端正的男性市民都可以购买一家酿酒厂，啤酒酿造的经验并不是必需；在慕尼黑，一位未来的酿酒师必须具有至少两年的行业经验；在巴黎，公会甚至要求在获得酿酒厂经营资格之前，必须有5年职业经验。

公会体系也保证了啤酒的质量。因为没有公会的同意，行业中就不会有新的竞争者进入，这样酿酒师就能长时间专心研究酿造啤酒，精益求精，不用承受价格的压力。他们通常会在同行里选出一个监察员，这个人会在几年的任期中拥有广泛的质检权力。监察员有权进入任何一个酿酒厂检查原料、观察工作过程和试尝成品。如果发现瑕疵，后果从警告到罚款不等，最严重的情况是被驱逐出公会，也就是说会失去酿酒厂。公会的内部检查备受重视，比如根特（Gent）的酿酒厂的大门不允许插上门栓。啤酒养活了整个城市，所以对啤酒质量的保证也特别受重视。

从汉萨同盟城市开始，行会组织在15世纪遍布了整个东海地区。关于塔尔图大公会酿酒权的记录最早是在1461年，不过从13世纪成立汉萨同盟的城市开始，各地就有关于啤酒酿造的记录了。与欧洲中部不同，塔尔图没有自己的啤酒酿造公会，塔尔图的酿酒厂主和其他商人一样属于大公会，其成员全都说德语。手工业者成立的小公会属于中产阶级，其中不仅有说德语的成员，也有说爱沙尼亚语的成员。

源自德国的利沃尼亚骑士团[1]力量减弱后，16世纪中叶塔尔

1　利沃尼亚骑士团是条顿骑士团旗下自治的利沃尼亚分支。宝剑骑士团在1236年苏勒战役被萨莫吉希亚人击败后，余部并入条顿骑士团，在1237年改称利沃尼亚骑士团。

图市多次易主。1558年，塔尔图被俄国短期统治，1582年隶属波兰，1625年隶属瑞典。新的统治者们并不保留传统酿酒权利，偶尔添加有利自己的额外条件到规章里。比如1582年，波兰国王斯特凡·巴托里（Stefan Batory）添加了一条：离塔尔图中心方圆一英里内只允许城市旅店酒馆贩卖啤酒。

在大北方战争[1]中，塔尔图于1708年被烧毁，很长时间内无法恢复。在最后的和平条约签订之前，俄国沙皇彼得大帝于1717年就宣布，塔尔图的啤酒生产和贩卖优先权将保持原状。小公会却不满足于此。因为城市被俄国军队占领，还没有新的常规管理部门，所以一些公会成员想借此投机，开始酿造啤酒。两个公会争执不下，甚至大打出手，然而临时政府并未干预。即使1721年签订了《尼斯塔德条约》，塔尔图被并入俄国，这个冲突仍然没有得到解决。彼得大帝的立法委员会在同年颁布的一项法令，内容模棱两可，并未清楚规定两个公会的权利。因此，相关抱怨和争执延续了几十年之久。

在1782年，立法委员会最终确定，啤酒酿造公会没有优先权。但啤酒酿造并没有自由化，酿造专有权被转到一个新的机构。沙皇叶卡捷琳娜大帝命令，在塔尔图成立一个酿酒企业，专门负责全城的啤酒生产。爱沙尼亚和利沃尼亚的总督是出生于爱尔兰的乔治·布朗，他负责根据约20年前成立的里加市（Riga）

1　大北方战争（1700—1721年）又称为第二次北方战争，是俄罗斯帝国为了夺取波罗的海的出海口及与瑞典王国争霸的战争。

酿酒公司的模式，监管酿酒的实际操作过程。

塔尔图酿酒公司参与到了酿酒领域，不仅结束了啤酒公会之间的争吵，也为照顾弱势群体做出了贡献。公司只接收公会去世成员的孤儿寡母作为成员，因为他们的贫穷并不是自己的错误造成的。寡妇和孤儿们既是公司的持有者又是工人。这样，这个公司可以保证公会里这类成员的生活，因为他们也没有其他任何收入。为了不使酿酒公司变成引起公会争端的祸根，章程规定，必须从大小公会接收同样多人数的成员。

在几十年的大北方战争与多次火灾后，塔尔图还是恢复了元气。约4 000的城市居民中，有着足够多渴望美酒的人们。人们的食物很简单，只有盐味且没有水分，这使得饮料的消耗大大增长。与现代标准相比，18世纪的啤酒消耗量非常大。18世纪初，塔尔图的文件中有记录，男人和女人每日的配给量是一壶啤酒——2.5升。士兵们有权得到一壶半啤酒，周日每个基督教徒可以得到两壶，其中大部分也许是自己酿造的啤酒或者类啤酒的麦芽饮料。到了18世纪80年代，这家啤酒公司每年为每位居民生产200升啤酒，也就是每人每日近0.5升。

从酿造工作的起步看上去，这家公司大有可为。啤酒公司从政府得到一笔贷款，以此在埃马约吉河岸、离市政厅不远的地方建起了一家新的大酿酒厂。除了酿造工作，公司还取得了城市所有旅店酒馆的垄断权。他们自己并不运营餐馆，但从出租售酒权和贩卖啤酒中获得收入。据说18世纪末塔尔图有近70家啤酒馆。

公司的结构很大程度上与今天的合作社相似。公司的目的并不是利益最大化，而是照顾好成员们。酿酒厂由两位行业专家来领导——两个公会各推荐一名。公司为负责生产和销售啤酒的成员支付工资。扣除成本、偿还贷款和支付税收之外，如果还有盈利，则分给成员们。如果一名成员离开公司，想做别的工作，公司会出钱购回他的份额。如果有新的成员加入，则从第一年的工资中扣除部分购买自己的份额。

在里加、派尔努和塔林，18世纪末也是由低收入人群负责啤酒酿造。类似波罗的海酿酒企业的社会化企业模式在历史上非常少有，不过在酿酒历史上还是有妇女的一席之地。爱沙尼亚也像欧洲其他地方一样，几百年来都由妇女为自家的饮用而酿酒。酿酒专家去世后由他的寡妇继续经营酿酒厂，也是常见之事。此外，中世纪和近代都有一些独立单身的女性成为酿酒公司的经营者。不过，她们没法享受同等的待遇。1599年，慕尼黑的城市机构收到一个申诉，要求撤销寡妇继承的酿酒权，因为"女人不可能学到啤酒酿造的精妙艺术"。这份申诉失败了，女人们被允许在巴伐利亚继续经营酿酒厂。在英国，"啤酒女"生产的饮料常常被诽谤成次品，英国的卫道士激动地宣称，女人作为酒馆老板会引诱男人们走上酗酒之路。

在塔尔图也存在类似的问题。过了几年后，销路渐渐不畅。啤酒的质量受到了质疑，城市上层人士绕过她们，去乡村酿酒厂买酒。乡村贵族从波兰统治时期就有权酿酒。虽然乡村啤酒不允

啤酒是孤儿的幸福

许在塔尔图及其周边地区销售，但在方圆几英里的地区内有许多带有酿酒厂的村庄，城市居民可以在那儿买到啤酒。啤酒公司里的寡妇们失去了收入，城市也失去了税收。塔尔图的许多酒馆为了适应客户的口味，也不再销售酿酒公司的啤酒。因为不允许贩卖其他啤酒，酒馆转而贩卖伏尔加。

1796年，俄国叶卡捷琳娜大帝的儿子，保罗一世（Paul Ⅰ）即位沙皇。他修改了利沃尼亚及其他东海各省的行政管理规则，取消了他母亲于1783年所做的改革。塔尔图的市议会抓住机会，悄悄摆脱已经营十几年的酿酒公司。

没人胆敢直接提议叫孤儿寡母们自生自灭，因为这样塔尔图城市就少了一部分税收，居民们也没了更好的啤酒。人们找到一个解决办法，就是出租酿造权——和已有的出租售酒权差不多。名义上公司继续享有酿酒的专有权，然而他们可以把官方许可出租给私人公司。这个生意迅速开花结果。城里成立起了许多私人酿酒厂，啤酒重新处处飘香。酿酒权的租金收入承担了孤儿寡母们的基本生计，他们自己也不再需要酿造啤酒，可以去寻找别的工作。这个体系很明显可以很好地运作——不论如何，没有公共记录证明有人因为重组而挨饿。至1820年，酿酒公司的啤酒收入都作为社会补助流入城市低收入市民手中。

　　　　　　　　24品脱的历史：啤酒与欧洲

阿勒柯克波特啤酒 A. Le Coq Porter

爱沙尼亚，塔尔图

类型：波特啤酒
酒精含量：6.5%
原麦芽：14.6° P
苦度：16 EBU
色泽：54.7 EBC

　　阿尔伯特·勒·柯克于1807年在伦敦成立了同名公司，做葡萄酒和啤酒贸易。其中最受欢迎的商品是勒·柯克从伦敦酿酒厂引入俄国市场的、一种深色烈性的上层发酵啤酒。1869年勒·柯克将这种波特啤酒装上蒸汽船奥利维亚号运往俄国，不幸在东海沉船。1974年挪威潜水者发现了沉船奥利维亚号及船上的啤酒。

　　俄国为保护自己的啤酒产品对进口啤酒收取高额关税，这使得勒·柯克公司在20世纪初将企业扩展到圣彼得堡。勒·柯克公司于1902年买下塔尔图的蒂沃利酿酒厂，开始在俄国境内生产波特啤酒。同年，勒·柯克荣获皇家宫廷承办商的荣誉头衔。酿酒厂在苏联时期成为国有资产，爱沙尼亚独立后重新私有化。1997年并入芬兰公司欧威（Olvi）旗下。

　　阿勒柯克波特啤酒延续了200年的啤酒生产传统。这是一种深棕色带厚层泡沫的啤酒，用精选的深色特选麦芽酿造。口味柔和带甜，能尝到烘烤香、水果味和咖啡味。

根据诗人鲁内贝里（Runeberg）的描述，桑德尔斯上校（Oberst Sandels）
在帕达拉的餐桌上有大量的饮品。
阿尔伯特·埃德尔费尔特（Albert Edelfelt）的画作。

8

军官和美食家

约翰·奥古斯都·桑德尔斯（Johan August Sandels）不仅是瑞典历史上获得胜利的著名统帅之一，也是饮食文化的爱好者。他了解美食，还重视与之搭配的饮品。"军队靠胃行军"这句格言（人们错以为这句话是描述拿破仑或腓特烈大帝的），桑德尔斯用自己的方式来解读：他从来不空着肚子或者带着干涸的嗓子做重要的决定。

1764年8月31日，桑德尔斯出生于斯德哥尔摩（Stockholm）。那时上流社会普遍重视学院教育，在桑德尔斯的家族也有许多牧师。这并不是因为当时的知识分子比今天的更虔诚，而是因为大学有一开始必须学习神学这一古老传统。学习神学之后，才可以研究真正感兴趣的专业。许多人也就因此获取了牧师职位。所以过去许多实验家、发明家和学者都是正式的牧师。比如斯特林发动机的发明者——苏格兰人罗伯特·斯特林（Robert Stirling），以及著名芬兰经济学家安德斯·屈德纽斯（Anders Chydenius），同时也是本国鸦片生产的主张人。

对上流社会阶层的成员来说，除了大学以外，去军事院校也能为找到符合自己身份的事业打下基础。男孩们在接受基础教育后进入为军官事业做准备的寄宿学校，除了学习军事科目，也学习普通科目，包括数学、物理、地理、法语和音乐。课程表上还有礼仪举止课。

1775年，11岁的桑德尔斯进入斯德哥尔摩的军校，几年后作为炮兵队准尉毕业。在他的军事生涯初期，就以喜好美食美酒和社交生活出名，也喜欢赌博。好赌成性给他带来了恶果。1785年，骑兵上尉桑德尔斯严重负债，他的赌博收入和军饷无法抵债，以至于他被从瑞典帝国遥远的东方前线调到芬兰。

桑德尔斯很快就习惯了芬兰生活，而芬兰人也习惯了他的行为方式。两年后桑德尔斯成为少校，在1788年至1790年的俄国-瑞典战争中指挥700人的龙骑兵营，大获全胜。战争快结束时，他被提升为卡累利阿地区龙骑兵中校。他完全能胜任这个职位，只有敌人俄国人对他极为不满。

桑德尔斯不是一个亲民或容易接触的人，不过他能很快获取士兵们的信任，因为他具备三个对于统帅来说很重要的特质。第一：桑德尔斯会四处巡视观察；第二：桑德尔斯在战斗中绝不失去理智；第二：他不抠门省钱。当然，他的士兵们知道自己的上司是多么热衷奢华享乐。但正如后来瓦西里·崔可夫在斯大林格勒、埃尔温·隆美尔在利比亚一样，桑德尔斯在激烈的战斗中总会出现在最前线，危急时刻也会好几天靠一杯水和一团雪度日。

因此，他在士兵们中间赢得了很高的声誉。1799年桑德尔斯被提升为上校，1803年成为萨沃猎兵团的指挥官。

地区防务并不是什么新事物。18世纪的瑞典的区域性防御是以群组士兵的形式来组织的，军官和士官们驻扎在自己防御的公职农庄上。士兵们根据"胡符系统"（瑞典语mantal，意为"男人数量"）应征入伍。斯德哥尔摩的财政部作为中央机关，会计算除其他税收以外，养一个国防士兵需要多少耕地面积。在芬兰，农庄都很小，所以极少农庄有完整的胡符，即足够的"男人数量"。桑德尔斯的国防区域几乎涵盖整个萨沃省，这里平均需要四到五个农庄的面积才能布置一位士兵，给他一间茅屋，支付他的装备。在固定的时候，实际上是每年某几个周日，同一个教区的士兵们会聚集到一起，在一个二等兵或者士官的指示下练习封闭阵形、打靶以及当时所谓的其他"战争技艺"。有时候在军官的带领下也会有中队或者一个营的"大型"军事演习。

19世纪初，拿破仑发动的战争席卷欧洲时，瑞典这些士兵们被称为"周日士兵"。桑德尔斯非常清楚地认识到这一体系的严重缺陷。因为军官的军饷是从公职农庄的收成中来，所以相对于维持军事技艺和备战状态，许多军官更关心耕地种田。士兵们同样专注于土豆和萝卜的种植，还被允许去打零工。此外——很明显——农民不会把他们最有能力的雇农，也就是最好的劳动力，当成士兵来布置。根据规定，一个群组士兵必须成年但不超过40岁，并且满足入伍的要求。倾向和平的瑞典政府并没有完全精确地根据规定进行检查。芬兰民族诗人约翰·卢德维格·鲁内贝里（Johan Ludvig Runeberg）在他的诗歌《少年士兵》（*Der Soldatenjunge*）中写到一个男孩说自己父亲 "15岁就入伍了"。1808年2月，面对俄国的进攻，瑞典军队动员起来时，最年轻的群组士兵确实差不多15岁。另一方面，军中还有60岁的祖父，在队列中还能看到独眼龙、体弱多病者以及装着木腿的残疾人，这些人都是在士兵登记时被遗忘、检查中未被发现和剔除的。然而，尽管军队缺乏战力，他们却对当地的情况和地形非常熟悉。在这里，桑德尔斯的天分就体现出来了：当他的军队处于最强大最有利的情况下，他才带领军队精准地投入战斗。

虽然大战很明显就将爆发，但芬兰的国防军还是没料到1808年2月21日俄国人的突袭，他们并没有为冬天的战争做好准备。瑞典选择了撤退，只死守住南岸的斯瓦特尔摩和芬兰堡要塞。瑞典的计划是为了躲避侵略者，让他们被迫分散兵力，使得瑞典军队侧翼有机会加强与后方的联系。军队根据命令从前线的萨沃省仓皇撤出，一直退到奥卢城（Oulu）周围。4月，在奥卢萨沃猎兵团改建成第五军，而桑德尔斯就是指挥官。

鲁内贝里在诗歌《辎重马车夫》（*Der Trosskutscher*）中写道："从故乡出来行进，会行进得很缓慢，"在最后一段又写道："呼唤大家，赶快让鼓声大作！夜晚就要过去，曙光就在眼前！"[1]1808年5月，第五军与其他军队一起迎战。接下来的五个月里，桑德尔斯和萨沃猎兵团在瑞典战争史上书写了胜利的一笔。桑德尔斯也许是固执谨慎的，无论作为下属或作为上级都难以沟通，而且不可否认，他对吃喝有一些太过重视。但另一方面，他带领他的群组士兵们和农庄军官们，在对抗俄国哥萨克骑兵和步兵队的战斗中，立下了汗马功劳。

第五军的第一次胜利是在5月2日的普尔基拉战斗中。桑德尔斯把从俄军那儿赢得的辎重粮草队——俄军在库奥皮奥（Kuopio）的大型补给仓库——当成了最大的赌注。上校用微薄的军饷、极少的睡眠和精疲力竭的行军，换来了粮仓带来的小小舒适感，因为他预见到之后更大的享受。在下着大雪、泥泞崎岖的道路上，一周内行军200公里就已经是一大成就了。急行军后，来自库奥皮奥的上尉卡尔·威廉·马尔默（Carl Wilhelm Malm）带领150人的强军团，夜间突击了库奥皮奥。桑德尔斯的军队获得了俄军大量库存，主要是1 200桶谷物、约1 000袋面粉、8 500公斤腌肉和85吨马匹口粮，配饭的啤酒也在其中。芬兰的啤酒酿造于1776年从公会规则中解放出来，在库奥皮奥也有许多酿酒厂，所以在这座被占领的省会城市，是不缺少啤酒的。

桑德尔斯高瞻远瞩，占领粮仓后立刻把口粮、饮品和武器库

1　德语由沃拉德·埃根勃特翻译。"Langsam fährt man, wenn man von der Heimat fährt…Ruft die Leute auf, lasst Trommeln rühren schnell! Schon verging die Nacht, der Tag erglänzt schon hell!"

存转移到卡拉韦西湖北岸的托伊瓦拉（Toivala）——一个容易防守的地方。虽然第五军的进攻矛头延伸到南方一百公里，直到教堂村庄约罗伊宁，但因为俄军增强了兵力，瑞典军队不得不进行战略性撤退。6月底，桑德尔斯的所有部队从库奥皮奥撤回托伊瓦拉。科罗塞卡湖三公里宽的湖面保护第五军不受俄军攻击，而且军粮至少够吃三个月。在防守位置的军队既不能缺少吃的，又不能缺少喝的。

在芬兰战争中，双方前线的军官都学过在大陆作战的方法，就像下象棋：军队在平地战场上排出阵形，最小的单位是几百人的步兵营。这种作战方法在富饶的中欧地带还很流行。不过，事实上在萨沃的前线却非如此。俄军骑兵军官是出生在波兰的法戴·布尔加林（Faddei Bulgarin），他带着震惊且敬畏的语气描述了当地地形："芬兰由无数湖泊和山崖组成。山崖有些地方极高，像层层叠上去的，完全无法攻克。在小山谷的岩石之间，有一些石堆和花岗岩，小溪从中流过，有时会有一些小河把一个个湖泊连接起来。在有些山谷里生长着无法穿越的山林。"

可以理解，传统的前线作战和机动骑兵方式，在这样的地形中无法启用。桑德尔斯过去几年熟悉了芬兰东部的地形，精妙地使用了"自由作战"，这是哈帕涅米（Haapaniemi）的军校发展出来的一种战术。比如他用狙击手巡逻队从侧面击打，成功阻止了俄军的前行。用俄军军官布尔加林的话来说，萨沃的农民"是这片难以前行的土地上最危险的敌人"。他咒骂道："只要远离乡间大路不足百步，就很难不被击中。这让我们无法清楚观察这里的地形。"

比起单个的狙击手，俄军更严重的问题是补给。彼得大帝时期的规定确立了士兵每日的配给量，除了食物以外还有约3升的啤酒。实际上这样的配给量只是个梦。俄军都是饿着肚子战斗，很难得才有从圣彼得堡运来的啤酒。而瑞典军队从俄军处成功夺得补给辎重队之后，俄军的军粮就更加匮乏了。瑞典军尽可能多地运走了谷物和烈酒，剩下的都倒进湖里毁了。事实上，俄军不得不从当地获取物资。布尔加林报告说，士兵们从农村获得的是面包、牛奶、干鱼或腌鱼，还有淡啤酒。

双方的前线军官都保有从法国宫廷吸收到的同样的风俗习惯。法国大革命和共和国理想并未改变他们的世界观，等级观念仍然存在。五六月正值桑德尔斯进攻的时期，萨沃前线的俄军军官没能过上符合其身份地位的生活，因此他们撤回库奥皮奥时竟欢呼雀跃。虽然失去了军队的粮食库存，但桑德尔斯并没有完全清空城市里的所有储粮箱。布尔加林的报告说，他征用了一户商妇的房子作为临时驻地，饱餐了一顿，搭配的饮料有咖啡、葡萄酒和潘趣酒。当时喝啤酒似乎不符合俄国军官的身份和礼节。

在一英里以外的托伊瓦拉却是另一番景象。在桑德尔斯的库房中，也有专为军官准备的外国进口饮料，但他日常喝的是和士兵们一样的啤酒。这是为了加强萨沃猎兵对指挥官的信任：桑德尔斯上校和他们一样有血有肉——连饮酒的口味都是一样的。为便于贮藏，士兵们的食物都特别咸，自然容易口渴，要喝很多东西，瑞典国王规定每人每天的最少配给量是一壶（2.5升）啤酒或清啤。

虽然他们身处千湖之地，但平日里喝得最多的还是啤酒。他们在农民那儿也买酸奶，但啤酒是上级军官推荐的。瑞典作战委员会在1655年给帝国元帅古斯塔夫·霍恩（Gustaf Horn）的一封信中，说到了所有重要的信息："必须给士兵们一定量的啤酒，或者去买同等量啤酒的金钱，让他们不至于去喝水，然后因为生病无力损害到国王和王国的利益。"这一点在芬兰战争中同样重要。如果几百人好几周驻扎在湖边，虽然必须得喝水，但不要期待水是干净的。1808年9月，仓库的食物和啤酒慢慢见底，士兵们因缺乏营养，抵抗力减弱，暴发疫病，主要是因为饮用受污染的水传了痢疾，导致很多人入院和死亡。在芬兰战争中，因病死去的士兵比因战斗受伤去世的还要多。

瑞典军队的主力部队在芬兰西部遭遇困境，因此，桑德尔斯必须在9月底从托伊瓦拉撤退。10月27日，正值休战期间，桑德尔斯带着约2 000人来到伊萨尔米（Iisalmi）的卡尼维尔塔（Koljonvirta）河边，袭击了图契科带领的6 000俄军。虽然桑德尔斯以少胜多击退了俄军，但从战争最后的结果看来，这次胜利意义不大。瑞典军主力在博腾区的失利，让萨沃猎兵不得不撤回奥卢。

鲁内贝里为卡尼维尔塔的战斗写了三首诗。

其中一首诗是关于桑德尔斯的——"他坐在帕达拉，静静地吃着早餐。12点钟声敲响，俄国人又来了，慢慢逼近桥梁。"他还描写了在餐桌旁陪伴桑德尔斯的牧师。桑德尔斯请牧师享用马德拉酒、鹅肉、酱汁、小牛肉和其他美食。当前线的炮声轰隆、枪声大作，一位少尉冲进来问道："命令是什么？"桑德尔斯回答说："是呀，你们坐在桌边，刀叉都在晃动。嘿，拿一副刀叉来！现在好好吃，吃完了就喝！"

毫无疑问，鲁内贝里成功地把桑德尔斯塑造成人民记忆中的美食家，尽管诗中写着，在帕达拉的餐桌上只有鳟鱼（不是什么奢侈品，因为鳟鱼在芬兰东部水流中大量繁殖）、酱汁、鹅肉和小牛肉。诗中提到的饮料有马德拉酒、拉菲酒，明显是来自法国波尔多（Bordeaux）的红酒，还有杜松子酒。

桑德尔斯在帕达拉驻地宴客并没有历史文件记录，但为高贵的客人选择的饮料，在诗人的描写中可见一斑。军官饮品的意义在军队膳食供应中不可小视。比如众所周知1808年8月补给货船"四兄弟号"横跨波的尼亚海湾，带来了波尔图和波尔多的葡萄酒。不过鲁内贝里有一段描写却是凭空想象：桑德尔斯因为美食和两个帝国的时差，错过了战斗的开场。事实上，桑德尔斯很清楚俄国人表上的时间，也知道休战何时结束。他在战斗第一时间没有出现在第一线，这是他的战术。当俄军前锋过桥时，他才带军迎战。他的早餐，已经及时吃完了。

卡尼维尔塔河边战胜利后，桑德尔斯在撤军时再次展现了他的适应能力。因为没有机会获得符合身份的酒菜，上校吃的和喝的都与士兵一样。据当时的人说，桑德尔斯和士兵一样饥肠辘辘，与其他军官一样，他三餐都吃水煮的谷粥。

桑德尔斯在芬兰战争中最后一次出场，是在一次庆祝活动中。1809年7月5日，他邀请于默奥（Umeå）附近的军官共进晚餐，当时瑞典军队的余军都撤回到了那里。杯觥交错，银制餐具在精致瓷器餐盘上叮当作响。一位信差传来了俄军进攻的消息，上校震怒。他的军官同袍们都知道，桑德尔斯最厌恶就餐时被打断，但祖国需要他。荷内弗斯一战，以瑞典的失败告终，桑德尔斯晚宴的剩菜成为俄军军官的早餐。也许荷内弗斯中断的会餐激发了鲁内贝里的灵感，让他描写出诗中帕达拉的食物。

在芬兰战争之后，桑德尔斯的军事生涯继续创造成功。1813年他在莱比锡大会战中迎战拿破仑，成为瑞典战争委员会会长，1818年至1827年成为挪威总督。1824年，桑德尔斯被任命为陆军元帅——他是最后一个获此头衔的瑞典人。这位被英国军事历史家们认为的最优秀的北欧战术家之一，于1831年在斯德哥尔摩逝世，享年67岁。对军事史感兴趣的人，或者热爱美食和啤酒的人，可以在游览斯德哥尔摩时，到克拉拉教堂参观这位元帅的纪念碑。

欧威桑德尔斯啤酒 Olvi Sandels

芬兰，伊萨尔米

类型：窖藏啤酒

酒精含量：4.7%

原麦芽：10.6° P

苦度：15 EBU

色泽：8 EBC

欧威酿酒厂于1878年在伊萨尔米成立，其背后的意义是为了解决人民的酗酒问题。酿酒师威廉·吉迪恩·阿贝格及妻子翁妮想为人民酿制一种酒精含量较低的饮料，来代替烧酒。酿酒厂成立时，芬兰已有78家酿酒厂。在众多厂家中，只有欧威作为独立的芬兰企业存留至今。

这家伊萨尔米的酿酒厂，位于卡尼维尔河南边约五公里处，是桑德尔斯赢得著名胜利之战的地方。1973年，欧威开始生产桑德尔斯啤酒，赞颂其为"吃最好的美食，饮最好的酒"时所用。

欧威的桑德尔斯啤酒是一种下层发酵、低温长期储存的柔和窖藏啤酒，用芬兰大麦、德国苦味啤酒花以及捷克芳香啤酒花酿制而成。啤酒颜色呈金黄，口味半醇厚，有淡淡的啤酒花味道，柔顺温和。酒瓶背面的商标上印有短文，写着桑德尔斯上校对美食和美酒的热爱。

1835年，人民热烈庆祝纽伦堡（Nürnberg）和菲尔特（Fürth）之间第一
条德国铁路的开通。

9

铁路上的酒桶

  19世纪初期，英国开始使用蒸汽为火车提供动力，罗伯特·斯蒂芬森（Robert Stephenson）成功解决了铁路建设的初期问题，如火车离轨、机器损害和过高的木头与煤炭消耗。此后，19世纪二三十年代，欧洲大陆对铁路交通产生了极大的兴趣。1835年，德国第一条铁路连接起了纽伦堡和菲尔特两座城市。除了载人，蒸汽火车也承担起了一项重要的民族任务：加快物资的运输。因为地处巴伐利亚，第一批铁路货运的民族饮料当然就是：啤酒。

  纽伦堡和菲尔特相距不到十公里。今天，这两座城市已经扩展到一起，变成一个拥有350万居民的大城市地区的一部分。但在19世纪初，两城还是分开的区域，特点和社会结构都各不相同。菲尔特当时有约15 000居民，是农业地区的传统中心，正要开始向工业城市转变。纽伦堡是它的三倍大，是一座主要由城市居民和知识分子构成的城市。16世纪的纽伦堡曾是德国文艺复兴的中心，是阿尔卑斯山以北先进的欧洲贸易城市之一。然而17、

18世纪，纽伦堡的光芒渐渐褪去。西班牙、葡萄牙与荷兰的探险之旅，把国际贸易重心转向了大西洋海岸，而纽伦堡周边却连一条可作为交通干线的大河都没有。德国分散的小城市间无数的关税边界也不利于贸易。在这一背景下，人们当然会寻求一种不带偏见的新交通工具，尤其是在纽伦堡。19世纪20年代，市民们开始考虑坐火车去邻近城市，就连巴伐利亚宫廷都对这个项目感兴趣。

巴伐利亚的国王路德维希一世（Ludwig I，1786—1868年）是一位开明的君王，希望改善内陆国之间的交通。他设计修建一条运河，连接美因河与多瑙河，也流经纽伦堡。这条运河让北海、莱茵美因地区到黑海之间可以通航。随着蒸汽火车成功试行，在巴伐利亚引入铁路交通就显得更为紧要。1828年，国王下令建造纽伦堡与菲尔特之间的铁路。不过，王国只是在精神上支持修建项目，修建铁路的钱必须从别处获得。

当地企业和私人投资者对建设项目态度谨慎，但却仍慷慨解囊。众所周知，英国的铁路先锋在过去十几年已经遭受过打击：火车离轨、铁轨坍塌、机器破损。修建铁路有风险，不过纽伦堡地区的商人们还是相信蒸汽动力。1833年，他们成立了铁路公司，承诺了超高的投资回报率：12%。这一举动加快了资金的流入，铁路修建工作终于可以开始了。

铁路几乎是笔直地连接了纽伦堡与菲尔特。火车站修在两座城市的边缘，因此铁轨总长约六公里。火车司机都是罗伯特·斯蒂芬森在英国的公司雇用的。1835年9月，蒸汽火车头的构成部件从纽卡斯尔（Newcastle）海运到鹿特丹（Rotterdam），但这之后出现了问题——欧洲内陆的运输难度，这在一定程度上也说明了铁路的必要性。从鹿特丹到纽伦堡的运输路程约一千公里，耗时一个多月。火车头部件通过莱茵河上的船被运到达科隆，再用驳船和骡子拉车运到巴伐利亚。在纽伦堡重新组装火车头，十一月底开始试运行。尽管火车头一直保持在轨道上，车厢也以每小时40千米的速度快速到达了邻城，但还是有不少人对此抱有怀疑。比如报纸上有这么一幅漫画：乘客们把脱轨的火车抬上轨道，而此时一辆马车从事发地经过——比火车慢很多，却也安全很多。

不过，随着正式营业的日子越来越近，从巴伐利亚北部到整个中欧德语区都对铁路充满期待。记者们甚至从维也纳和柏林赶来。但此时纽伦堡—菲尔特铁路项目却愁云密布，因为它超出了预算。12月6日，正式开幕前一天，投资者们聚集到纽伦堡市政厅。15万荷兰盾预算用尽，建造工作比预估的贵很多。如果不偿还2万6千荷兰盾的负债，首运行就得无限期延后。铁路公司的经理格奥尔格·撒迦利亚·普拉特钠（Georg Zacharias Platner），发表了一次动人的演讲，强调了投资者们已经达到的成绩：他们建造了一条铁路，这将是后世的榜样，这一切都是在没有公共资金的情况下办到的，而这条铁路——前提是补足欠款——将会大大提高当地经济的竞争力。这次发言成功地打动了众人，投资者们提高了投资额。

德国第一辆火车"山雕号"（Der Adler）于1835年12月7日正式运行。人群远道而来涌入纽伦堡，争相目睹这不用马拉的交通工具。城市军乐队在旁奏乐，一片欢乐喜悦的景象。在市长致辞，群众为巴伐利亚国王欢呼之后，火车开始启动。贵宾们乘坐着这辆火车，行驶在以国王命名的"路德维希铁路"上，9分钟后就到达了菲尔特，21分钟之后又回到纽伦堡，一小时整后火车再一次往返于两城之间。这之后，机械师检查火车，在车厢前拴着马匹——人们不想因为不间断的使用而磨损这珍贵的火车机器，所以每天只用蒸汽动力运行两趟。上午、傍晚和晚上的运行则用燕麦做"动力"——马匹行驶六公里的路程需要比"山雕号"约三倍长的时间：25分钟。

首运行成功的消息迅速被外来的记者传遍全德，引起极大轰动。人们相信，未来在于蒸汽动力，所以大家开始在所有较大的城市建造铁路。知名度并不是成功的唯一标准。路德维希铁路的乘客数量高于预计，每年运行超40万次，曾许诺给投资者的12%分红，也就不是问题了。铁路公司的市值在头三个月翻了三倍。1835年12月至1836年12月，在第一个会计年度中，分红盈利占资产的20%。接下去几年，分红也高达15%到17%。

客运火车起跑后，人们开始思考，是否应该让铁路运输货物。铁路公司的董事们各持己见。一些人认为，要从一座城市到另一座城市运输一袋面粉或一桶啤酒，比马拉车更快的方法简直是不可能的。反对货运火车的人还提出，火车货运会抢走马车夫的工作，而且装货卸货会造成行车时刻表的延迟。另一些人则看得更远，如果有一天德国城市都通铁路的话，这个"钢驴"就能把货物运送到马不能去的地方。对货运收益的怀疑声音渐渐减弱，却没有完全消失，但大多数人已经准备好，要尝试进行货物运输。

虽然变动其实很小，但当时全欧洲第一次货物运输引起了不可思议的轰动。1836年6月11日周六，第一车厢装载了莱德勒酿酒厂（Lederer）的两桶啤酒，车厢外的座椅上放了一捆纽伦堡的《商业汇报》。现场来了几乎与铁路运营开幕一样多的记者。到酒桶在菲尔特火车站卸货时，发车信号刚好过去九分钟。德国第一次由蒸汽火车运送的货物被安全送达了目的地。菲尔特的工人们可以得到比之前更新鲜的午餐啤酒。第二周从莱茵河到奥得河的报纸，都报道了两桶啤酒的神奇旅程，于是在传统销售地区之外也有了对莱德勒啤酒的需求。

运送放在厢外的木桶，需支付与三等厢座位一样多的费用，单程费用为六个十字币。对莱德勒酿酒厂来说，从马车换到铁路实际上并不划算。然而在名声和销量方面，用铁路货运获得了巨大的成功。从纽伦堡到菲尔特的火车继续运送着两桶啤酒。铁路慢慢开放对其他货物的运输。1845年，即十年之后，货运才成为路德维希铁路运输的固定组成部分。

对于一位强壮的铁路工人来说，搬两桶啤酒到车厢并不是特别辛苦的工作，然而这简单的工作却为啤酒征服世界铺平了道路。19世纪30年代初，人们就预言欧洲内陆几十年后会遍布纵横交错的铁路网络，货物在轨道上以迅雷不及掩耳之势在城市间甚至国家之间穿梭。

不过，19世纪对啤酒运输的需求还是很少的，因为德国城市居民喜欢当地的啤酒，不过其他地方爱喝酒的人就没有这么幸运了。1867年，维也纳德勒埃酿酒厂（Dreher）的啤酒被运往巴黎参加世界展览。酒厂自己建造了啤酒车厢，装载着用冰块冷藏的窖藏啤酒，用五天时间在欧洲大陆上穿越了1 500公里。到达目的地时，啤酒仍和发车时一样新鲜，保持了4摄氏度的低温。之后的近150年内，酿酒厂数量减少了，铁路运输和公路运输使啤酒运输已成为日常。只要在最近的商店里数一数，有多少外国啤酒种类在货架上售卖，就能清楚说明这一点了。

相比把啤酒运往更大的市场，纽伦堡和菲尔特之间的铁路在历史上就没那么成功了。当铁路遍布各地时，路德维希铁路就被其他铁路网络遗忘了。1844年，纽伦堡在交通更便利的地方修建了新的火车站，可以通往慕尼黑和班贝格。老火车站和通往菲尔特的铁路只用于地区间的交通，而且班次越来越少，并于1922年停开。后来这一路段被用作有轨电车轨道，今天这里行进着纽伦堡地铁1号线。

"山雕号"火车也于1857年停运。为纪念德国第一辆蒸汽火车，1935年和1985年周年纪念时发行了邮票。今天，纽伦堡铁路博物馆（德国铁路博物馆）展示着最新的ICE城际快车，旁边就是荣誉席上的山雕号原版——装着两个啤酒桶。

莱德勒顶级比尔森啤酒 Lederer Premium Pils

德国，纽伦堡

类型：比尔森啤酒

酒精含量：5.1%

原麦芽：11.6° P

苦度：34 EBU

色泽：6 EBC

　　纽伦堡艺术学院的教授弗里德里希·王德尔（Friedrich Wanderer）常去的酒馆，是19世纪末一家名为"鳄鱼"的酒馆。他根据店名在1890年为莱德勒酒厂设计了商标。莱德勒酿酒厂本身具有悠久的历史，于1468年以"男人啤酒坊"的名字成立。1812年，克里斯蒂安·莱德勒（Christian Lederer）买下啤酒坊之后，改名为莱德勒。今天的莱德勒是德国最大的私人酿酒企业集团的一部分，即食品巨人欧特家博士（Dr.Oetker）旗下的拉德贝格（Radeberger）啤酒集团。

　　顶级比尔森是一种传统的德国比尔森啤酒。其色泽呈浅黄，带淡淡的啤酒花香气。比尔森典型的苦味来自芳香啤酒花。一些本地人认为，啤酒花的刺激性激发了王德尔的灵感，从而设计了鳄鱼标志，不过这种轶事的真实性并不可考。莱德尔顶级比尔森的口感中有突出的泥土、青草和柔和柑橘的芬芳。

路易·巴斯德（Louis Pasteur）在巴黎的实验室中。

10

路易·巴斯德的啤酒研究

　　法国人路易·巴斯德（1822—1895年）因为以其命名的消毒法而闻名。他通过短时间加热处理改善了食物的保存期，因为大部分细菌和有害微生物都被杀死了。巴斯德消毒法现在主要用在牛奶制品上，但巴斯德本人并不喜欢喝牛奶，与细菌斗争的背后有一个更伟大的民族目的：将德国推下第一啤酒国的位置。

　　巴斯德是一位多领域的科学家。为了解决生活中实际的问题（如何阻止葡萄酒腐坏，或者如何阻止蚕宝宝大量死去）他开始了微生物研究。1868年秋天，巴斯德患了脑出血，到1871年终于痊愈时，他的祖国却满目疮痍。德法战争中德国大胜，巴黎沦陷，巴斯德的实验室不得不停止工作，他唯一的儿子让-巴蒂斯特在军中患了伤寒。法国最好的啤酒花种植地区阿尔萨斯和洛林，在划分新的边界后属于德国。

　　巴斯德寻思着如何复仇，他想在德国独有的领域中打败他们：啤酒酿造。据他的朋友们说，这位化学家很少喝啤酒，也不能从口味上区分各种啤酒产品，不过这不能阻挡他对啤酒研究的热情。19世纪60年代上半叶，巴斯德就已经开始研究葡萄酒和啤酒的发酵过程，认识到了加热对于消灭微生物的意义。与之类似的延长酒类保质期的方法，早在几百年前在中国和日本就有记录。巴斯德的研究让这种方法在19世纪六七十年代闻名于西方世界。

为了了解啤酒酿造的实际过程，巴斯德于1871年造访了法国中部沙马利埃（Chamalières）的库恩酿酒厂（Kühn）。这家酿酒厂因其高质量的产品和传统的生产方法而出名，但正是这些传统让巴斯德惊讶不已。那儿的习惯是，酿造时把陈年原麦芽的酵母不断加入新酿啤酒中，一直到当地酒馆的常客尝到啤酒口味的异常。这时他们才会从附近一家酿酒厂购买新的酵母。巴斯德开始研究一种新型的生产方式，把外来因素部分的影响最小化：啤酒应该只通过需要的原料进行酿造，而不含可能使其腐坏的微生物。回到巴黎后，巴斯德在他的实验室里设置了一个迷你啤酒作坊，更加深入地研究啤酒的秘密。

很快，研究成果一个接一个地出现。巴斯德发明了一种方法，可以更快更便宜地为下层发酵的窖藏类型啤酒培育酵母，而不需要定期冷却。这样，人们就不需要使用昂贵的循环酵母，而每个酿酒厂将来都可以培育自己的酵母，以此减少污染。最核心的理论突破在于，巴斯德观察到啤酒口味变质的原因并不是酵母本身腐坏了，而是外来的微生物在起作用。之后，巴斯德与埃米尔·迪可洛（Emile Duclaux）共同建造了酿酒装置，让啤酒尽可能短时间接触空气中的不洁物质。

不过啤酒酿造不可能是完全密不透风的化学过程，也不能杀死所有生物。发酵时的一种重要的酵素淀粉酶，对加热就非常敏感，巴斯德必须在消灭微生物和维持发酵过程之间找到平衡。巴斯德在早先的研究中对葡萄酒生产非常了解，但这一套方法不能完全照搬到啤酒酿造上。在实验室里可以很好地掌控热处理、酿造啤酒之后，他想把这一方法付诸实践。出于原则考量他不想去德国，但沙马利埃的库恩酒厂对于他的实验来说又太小，当时战后的法国还没有足够的研究资源，于是巴斯德去了英国。

伦敦的怀特布雷德（Whitbread）酿酒厂是当时英国最大的酒厂之一，有250名工人，每年生产5 000万升啤酒。英国那时是——现在也是——一个上层发酵啤酒的王国，巴斯德的下层发酵窖藏类型啤酒研究，可以在那里得到扩展。这位化学家在酿酒厂受到了周到的款待，但因为他是个法国人，一开始人们并不太重视他的酿酒方式。巴斯德在显微镜下研究了波特啤酒的核心酵母——这是一种在英国不为人知的研究方法——并且很快发现，这种酵母"让很多有用物质流失"。任何一个固执的酿酒师可能都会让这个法国科学家卷铺盖走人，然而怀特布雷德的人却想继续了解巴斯德的见解。几天以后，用这批被巴斯德诟病的酵母酿出的波特啤酒，口味上确实有瑕疵，这让人们最终赞同了巴斯德的研究方法。酿酒厂立刻为巴斯德配备了最好的显微镜，自此，与微生物的斗争就开始了。

在怀特布雷德酿酒厂，巴斯德尝试了各种热处理的可能性。他的理论知识填补了对酿造实际认识的不足。巴斯德发现，过早加热会带走啤酒中的二氧化碳。通过实验他还认识到，温度过高会阻碍瓶中的二次发酵。不断尝试和不断碰壁后，他终于得出结论，50~55摄氏度的热处理可以杀死对保质期有害的微生物，同时也不破坏啤酒的特性。

巴斯德随后回到了巴黎，继续研究他的加热方法，但并没有更多发现。在伦敦几个月的研究已经是他理论中最核心的成果。虽然他成功地研究出更加洁净无菌的啤酒，但这种啤酒的口感和香气都丢失了，他也未能成功隔离出一种绝对纯净的酵母。巴斯德从法国和外国酿酒厂订购了不同的酵母，把这些酵母加进调味料，让啤酒发酵两周，然后再放在显微镜下分析。虽然洁净程度有所区别，但所有的酵母都含有有害的微生物。

1873年，巴斯德为实验室引入了一家真正的法国酿酒厂。这一次，法国北部唐通维尔（Tantonville）的托特尔酿酒厂做好了合作的准备。巴斯德完善了热处理的细节，继续发展了显微镜研究。

1876年，巴斯德在约400页的著作《啤酒的研究》（法语书名为*Études sur la bière*）中阐述了啤酒酿造的理论和实际运用。此书迅速成为全欧啤酒酿造者的《圣经》。巴斯德及其他科学家都在啤酒酿造以外的领域，找到了运用此项研究成果的可能性。对食品的热处理后来被命名为"巴斯德消毒法"，是改善奶制品等食物保质期的有效方法。许多科学家后来继续发展了这一方法。

巴斯德本人发现，一些细菌会让啤酒腐坏，一些细菌会导致人体组织的炎症。用开水或水蒸气对外科工具和手术床单杀菌，在今天看来习以为常，但直到19世纪70年代才首次运用。十年后，巴斯德的理论被广泛地运用到实践中。巴斯德后来也根据他的微生物研究，研发了抗病毒的疫苗：1881年研发了炭疽病疫苗，1885年研发了狂犬病疫苗。

巴斯德的发明改善了法国啤酒的普遍质量，但原本想要打败德国的目标，只能是一个梦想。虽然通过发酵过程的杀菌和巴斯德消毒法，微生物不能像以前一样很快让啤酒腐坏，但这一技术并不能让生产出的啤酒成为顶级产品。除了科学，还需要魔法。巴斯德的同事和朋友皮耶·奥古斯特·贝尔廷（Pierre Auguste Bertin）有一次在听巴斯德冗长的微生物讲座时，失望地嘀咕："先给我酿一个像样的勃克啤酒，然后再来发表深奥的演讲吧！"

在食品工业和医学领域，巴斯德的啤酒研究带来了无法估量的作用。在啤酒酿造领域，最大的受惠者最后并不是在法国——也不是在德国，因此巴斯德无须气愤地从坟墓里跳出来。除了怀特布雷德酿酒厂，哥本哈根的嘉士伯酿酒厂也毫无偏见地接纳了巴斯德的研究。雅各布·克里斯蒂安·雅各布森（Jacob Christian Jacobsen）和他的儿子卡尔·雅各布森（Carl Jacobsen）早在19世纪70年代初就认识了巴斯德。他们在自己的酿酒厂内设置了一间实验室，用于测试这位法国人的研究结果。通往这家酿酒厂区的道路，被改名为"巴斯德路"（Pasteurs vej），路边还竖着巴斯德的雕像。正是嘉士伯的实验室完成了巴斯德未完成的工作，所以这种程度的致敬是很公正的。1883年，嘉士伯的实验师埃米尔·克里斯蒂安·汉森（Emil Christian Hansen）成功地培植出了完全没有微生物的实验室酵母。

怀特布雷德特苦啤 Whitbread Best Bitter

威尔士，马戈（Magor）

类型：艾尔啤酒

酒精含量：3.3%

原麦芽：11.6° P

调味成分、苦度和色泽
的确切数据是安海斯-布
希英博集团（AB inBev）
的商业机密。

　　在巴斯德的时代，怀特布雷德已有超过百年的啤酒生产历史。之后的一百年，这家伦敦酿酒厂逐渐成长为全英著名的啤酒生产商。20世纪60年代的新风潮带领怀特布雷德通过企业并购，涉猎了咖啡店、餐厅和酒店产业。从这些产业可获得可观的利益，所以集团不再需要酿酒厂和酒吧。怀特布雷德将超过两百年的核心酿酒产业，于2001年卖给了跨国企业英特布鲁（Interbrew），这家企业现在是世界最大酿酒集团安海斯-布希英博集团的一部分。

　　伦敦的怀特布雷德酿酒厂都关闭了，但在安海斯-布希英博集团的经营下，其啤酒产品仍在威尔士的马戈酿酒厂小批量生产。怀特布雷德特苦啤是酒桶发酵形成，而且只能桶装购买。啤酒颜色呈铜棕色，口感带麦芽甜味，有面包芳香。其适度的苦味在余味中才显现出来。

卡尔·雅各布森在嘉士伯酿酒厂获得的盈利，主要用于购买罗马雕像
以收藏。

照片摄于1910年。

II

哥本哈根的啤酒美第奇家族

　　雅各布·克里斯蒂安·雅各布森躺在名为"奎里纳莱宫"酒店的房间里，没有了意识。这位酿酒厂的拥有者在家族度假时在罗马染上了感冒，几周后病情恶化。1887年4月30日，医生已对这位75岁的百万富翁的病情束手无策。他的儿子卡尔及其妻子从希腊的旅行中赶回来之后，老人醒了过来，开始模模糊糊地说话。突然他清楚地说到了嘉士伯基金的所有权问题，但很快便又昏了过去。"父亲，看到我，你高兴吗？"当老雅各布森再次苏醒后，卡尔这样问道。父亲回答说："你怎么能这么问？我当然高兴看到你。"据在场的人说，这就是他最后的遗言。

　　卡尔的怀疑不是没有原因的，因为他们的父子关系很糟糕。1847年父亲成立酿酒厂，并用他当时5岁儿子的名字"Carl"（卡尔），将酒厂命名为"Carlsberg"（嘉士伯）。父亲的阴影一直伴随着卡尔，而卡尔一直努力要摆脱这个阴影。青年时代，卡尔试着要跟一个父亲反对的女孩结婚，未果。不到30岁他就在父亲的酿酒厂负责一个部门，但他却是个固执的下属。卡尔和父亲在19世纪70年代变成了竞争对手。他们相互比较产品数量，也比较啤酒的品质——最后甚至比较起谁是更阔绰更有声望的资助者。曾有差不多六年的时间，父子俩没说过一句话。

1871年，嘉士伯酿酒厂扩建了一部分。老雅各布森打算让这个扩建部门专注于上层发酵啤酒的生产：艾尔啤酒和波特啤酒，但雄心壮志的卡尔却另有想法，他相信自己嗅到了时代的潮流。丹麦经济的快速发展和都市化，使19世纪70年代对啤酒的需求大大增加，但人们并不倾心于上层发酵啤酒，而是更喜欢窖藏啤酒，即一种用巴伐利亚方式下层发酵的啤酒，而这种啤酒正是他父亲酿酒厂专精的。卡尔想在这一市场有所作为。

他领导的新部门的产品，很快就达到他父亲管理的老部门产品的水平。老雅各布森开始担心起来，他觉得卡尔重量而不重质。根据父亲的说法，嘉士伯这个品牌名下卖两种完全不同的啤酒，而只有其中一种达到了质量标准。在老雅各布森看来，长时间的冷藏对啤酒的质量是绝对必要的，但卡尔却认为，窖藏时间可以缩短，这样节约了冷藏空间就不会耽误生产。两人的意见分歧也在于，嘉士伯啤酒是否应该主要以桶装销售（老雅各布森说的"就像一直以来的这样"），或者也应该以瓶装销售（这是卡尔的主张）。

老雅各布森是一个有原则的人。几十年来，他一直把部分财产用于慈善和艺术。在政治上人人都知道他是民族自由党派的支持者。对啤酒酿造，他有两点原则：生产过程必须以科学知识为依据，酿酒厂不能无限制地扩张。酒厂必须保持一定的规模，这样他才能亲自监督所有工作。他希望，卡尔也能在生产中遵循这些原则。

扩建部门的生产量在19世纪70年代间达到了主厂的生产量。1879年，老雅各布森提出，卡尔应该将每年的生产量限制在四万桶，并在其啤酒的营销时放弃使用嘉士伯的名字。他还说，如果卡尔不愿意，可以把扩建部门从他手中买下来，然后分开经营。这点燃了战火。嘉士伯酿酒公司的两个部门从此开始公开竞争，不论是产品生产量上还是价格上。

两人后来约定，卡尔建立自己的酿酒厂，而扩建部门两年内重回父亲的控制之下。尽管有了这类休战约定，但两人之间还是冲突不断。卡尔想把自己的酿酒厂命名为新嘉士伯（Ny Carlsberg），但老雅各布森认为嘉士伯这个名字只属于自己。最终，政府相关部门决定站在卡尔这一边。两人的争斗朝越发荒谬的方向发展。隔开两间酿酒厂的路，叫"联盟路"（丹麦语 Alliancevej），但既然联盟出现了裂缝，卡尔就想把这条路根据著名化学家的名字改名为"巴斯德路"。在嘉士伯实验室里工作的科学家埃米尔·克里斯蒂安·汉森，在他的日记中写道："这两个疯子竖起的牌子越来越大，因为两个人都想遮住对方想要的街道名。"

1882年，老雅各布森立遗嘱把他的遗产都留给嘉士伯基金，造成两人最终决裂。卡尔派了两辆满载的马车到父亲房子前，车上装的是他这些年从父亲那儿得到的礼物：书籍、家具和艺术品，他不想有任何东西让他想起这个"剥夺了自己儿子继承权的男人"。老雅各布森在给一个朋友的信中写道："我的晚年蒙上了一层厚重的阴影。"

雅各布森父子是很相像的，两人都固执，有相同的野心。但卡尔易怒，而他父亲据说是不发脾气的。在某种程度上，他们的个性对做生意是很有利的。但他们也有另外一面：对社会问题和艺术的兴趣。令人惊讶的是，在这一领域的竞争似乎让父亲尤其受伤害。

两人都很爱罗马。1862年卡尔20岁时，他们在罗马待了近两个月，参观了许多博物馆、名胜和私人艺术展。虽然这次旅行给卡尔留下了非常深刻的印象，但他后来还是把全部精力放在了生意上。老雅各布森作为艺术爱好者，在公众中名望极高。除了积极投身慈善事业，他还促进了城市美化建设，购买收藏丹麦和外国艺术家的作品，承担了修复腓特烈堡的大部分费用。腓特烈堡是文艺复兴时期的重要城堡，里面的一座小教堂是丹麦国王加冕之处，城堡于1859年在一场大火中被烧毁。

1879年卡尔成立了阿尔贝蒂娜基金，为公园里的雕塑提供资金。老雅各布森感到这是对自己领域的伤害。这话听起来非常矛盾：尽管父亲不希望他的儿子作为艺术资助者，和他做一样的事，但当卡尔在购置艺术品上另辟蹊径时，他才觉得受到了侮辱。卡尔很欣赏当代的法国雕塑家，而他父亲却对其不屑一顾。

在家庭内战的时期，19世纪80年代中叶父亲经营着原来的嘉士伯酿酒厂，而卡尔1882年成立了新嘉士伯公司。和自己谨慎的父亲不同，卡尔在购置艺术品时，完全不考虑公司的财政状况。他对雕刻艺术尤其感兴趣，认为雕刻可以最好地呈现人体的不同状况。他毫无规划地收集丹麦及外国的雕塑，不管是古典时期的还是19世纪的作品。到1882年，他的第一个陈列楼很快就放满了，到1885又一次扩建。同时，新嘉士伯酿酒厂失去了市场竞争力。父亲对儿子的狂热十分不满，认为这都是在挥霍金钱。

1886年秋天，两位雅各布森终于握手言和（不过嘉士伯和新嘉士伯直到20年后的1906年才最终合并）。为了重新联络感情，父子两人决定第二年春天带着家人去罗马旅行。卡尔想顺道去意大利和希腊购买艺术品，老雅各布森则打算安静地在永恒之城的画廊与花园里闲逛。但事与愿违，一场罗马的春雨过后，老雅各布森患了感冒，一病不起。

尽管有那些年的冲突，卡尔还是真诚地悼念了自己的父亲，父亲的影子却仍然挥之不去，只是用另一种方式伴随。在父亲去世之前，卡尔收藏各种雕塑，但1887年之后他就几乎只对古典作品感兴趣了——这也是他去世的父亲所看重的时期。

父亲去世后几周，卡尔认识了德国考古学家沃尔夫冈·赫尔比希（Wolfgang Helbig），之后的25年他都是卡尔的艺术品采购人。赫尔比希问卡尔对哪种艺术感兴趣，卡尔提到了一个典范，即路德维希一世建立的慕尼黑古代雕塑展览馆："如此精美、多样和极富教育意义的雕塑展览，在此达到了顶峰。在哥本哈根几乎什么都没有，所以我们想从任何地方开始都行。"第二年秋天，十八座罗马皇帝的半身雕像就运到了哥本哈根，之后越来越多：希腊躯干雕像、伊特拉斯坎石棺及其他罗马头像雕塑。几十年间，赫尔比希为卡尔采购了955件古典作品。

19世纪末，新嘉士伯美术馆竣工。哥本哈根因此一跃成为艺术城市。卡尔·雅各布森被誉为"新一代梅塞纳斯"。梅塞纳斯是一位古罗马艺术爱好者，他的名字后来发展成"Mäzen"，意为艺术资助者。由于雅各布森父子对慈善和文化广泛的投入，将他们与15世纪把佛罗伦萨（Florenz）建设为艺术之都的美第奇家族相提并论，也许更为合适。美第奇家族的粗犷与激情，似乎也与雅各布森父子的性格不谋而合。

嘉士伯 Carlsberg

丹麦，哥本哈根

类型：窖藏啤酒

酒精含量：4.5%

原麦芽：10.1° P

苦度：19 EBU

色泽：7.5 EBC

　　雅各布·克里斯蒂安·雅各布森的父亲克里森曾拥有一家小的酿酒厂，因此啤酒酿造的基因刻在了家族里。雅各布1845年和1846年在巴伐利亚的旅行中，了解了窖藏啤酒，想在丹麦也生产这种啤酒。第一批产品大受欢迎，但老酿酒厂的场地太小，不能达到冷藏的要求。于是，1847年他建立了一家新的酿酒厂——嘉士伯。

　　1883年，实验师汉森成功离析出了生产窖藏啤酒所使用的酵母。酵母的标准化（下层发酵的酵母，Saccharomyces carlsbergensis）——阻止了外来酵母影响酿造过程——很快传到了全世界。嘉士伯当时在丹麦已经独占鳌头，20世纪中叶发展成为世界最大的酿酒集团之一。今天这个集团在约150个国家设有公司。

　　嘉士伯啤酒公司生产的同名啤酒，是一种金黄色、清淡且具有浓烈啤酒花香味的窖藏啤酒。其口味适中，带有柔和的麦芽味，有细微的青草和啤酒花口味层次。生产过程中使用了集团自己培育的名为"Null-Lox"的大麦品种，可延长口感和泡沫，改善啤酒保质期。

弗里乔夫·南森（Fridtjof Nansen）的被冰封住的远征船"富勒姆号"（Fram），没有像预料中的那样向北极行进，所以南森和亚尔马·约翰森（Hjalmar Johansen）一起试着穿滑雪板走到北极去。

12

北冰洋的冰镇啤酒

阿克塞尔·海伯格（Axel Heiberg，1848—1932年）是一个博学多才的挪威商人、政治家和外交家。他作为挪威代表出使各个国家，曾在中国出任领事，海伯格对地球上大部分地区都基本了解。

在美国和中国居住多年后，他又回到了挪威。1877年，他资助阿蒙德·灵内斯（Amund Ringnes）和埃勒夫·灵内斯（Ellef Ringnes）兄弟建立了一家酿酒厂。灵内斯酿酒厂盈利可观。在海伯格的影响下，灵内斯兄弟俩也对地理产生了兴趣。19世纪90年代中叶，酿酒厂慷慨地资助了挪威科学家在北极海洋的研究旅行。为了感谢三人对这次成功的考察之旅的支持，科学家们以他们的名字命名了三座岛屿，让他们的名字在世界地图上永存。

弗里乔夫·南森（1860—1930年）少年时练习过滑雪和跳台滑雪，曾是一名滑冰冠军。1881年，他进入奥斯陆（Oslo）皇家腓特烈大学学习动物学，第二年夏天在一艘来往于斯匹次卑尔根群岛（Spitzbergen）和格陵兰岛之间的捕猎海豹船上做实地考察。除了研究工作以外，他在船上还能练习地理定位，并渐渐成长为一名猎捕北极野生动物的熟练猎手——这两项技能在他将来的研究旅行中都相当有用。南森继续学业，他的博士论文是关于海豹和低等海洋动物中枢神经系统的结构、形成以及发展。他热爱自然，不想总是待在研究室里。他渴望遥远的雪原，于是在1888年与朋友们踩着滑雪板跨越了南格陵兰岛一个未知的地区，这是一段约500公里的旅程。

这一次成功的旅行，让南森热情高涨，开始计划北极的研究考察之旅，他选择了北极点作为目的地。当时的北极地区几乎还没有被开发研究。1873年，探险家们在斯匹次卑尔根群岛后面发现了一个岛群，将其命名为法兰士约瑟夫地群岛（Franz-Josef-Land），但其更北的地区就不为人知了。人们甚至不知道，北极点是否存在大陆或者只是一片冰海。

在大西洋最北端，人们看到许多冰山，数量之多不可能只由当地结冰的海水雪水产生。如此庞大的冰山数量，只能有一个解释：北极地区的一片冰原从北极点缓缓滑行到大西洋，然后碎裂成浮冰和冰山。在冰中有时也会发现木块和土壤。南森得出结论，这些物质来自西伯利亚北部。美国探险船"珍妮特号"于1881年在新西伯利亚群岛遭遇海难，两年后在北格陵兰岛因纽特人居住地发现其残骸，这一发现也证明了南森的观点。于是，南森提出了三个假设。第一，北冰洋中的一股洋流，在约两年内把东西伯利亚海的一片冰原，带到了斯匹次卑尔根群岛与格陵兰岛之间的区域。第二，这股洋流没有被任何较大的陆地阻挡。第三，如果自己设计建造一艘结实的船，让其在东西伯利亚海上被极地冰牢牢冻住，这艘船就很有可能横跨极地到达斯匹次卑尔根群岛西面——冰原在此融化分裂成冰山，这样，船就又可以自由行驶、扬帆返航。

在一艘被极地冰冻住的船上过冬，不是什么新鲜事。许多莽撞的捕鲸船、捕海豹船和探险家们都曾经被迫这样尝试过。一些人没能存活下来，另一些人成功返航。这样过冬最大的危险在于，船可能在冰块压力下断裂，以及船员缺乏全面的营养。

拿破仑说过，打仗主要需要三样东西：第一是钱，第二是钱，第三还是钱。在这方面，远征北极点与一场战役没有区别。挪威科学与文学院资助了这个项目的一部分。由于当时绘制世界未发现地区的地图被视为民族美德，公共捐款带来了可观的资金。不过项目的大部分资金还是靠私人资助者支付——按照今天的说法是捐赠者。南森计划中最重要的私人资助者，就是灵内斯酿酒厂。

并没有一艘现成的、合适的船可以承担这个项目，所以拉尔维克的科林·阿切尔（Colin Archer）造船厂接受委托，根据南森的指令，设计建造了一艘船。建造船身的首选材料是木头，以当时的技术条件来说，使用足够坚固的钢筋结构太困难了。再者，如果在海上出现需要修理的情况，普通海员要凭借自己的知识和现成的工具来解决。在船的结构上，不需要考虑流线漂亮的外形和很快的速度，主要是得牢固稳定。水下部分必须非常平坦圆滑，这样冰块压力才不会压碎船只，而是把船托在冰面上。

富勒姆号，意思是"前进"，于1892年10月26日下水。船长39米，宽11米，排水量800吨。这是一艘三桅帆船，带220马力的蒸汽机，速度可达约六海里。因为在未知的极地海洋肯定会出现浅海域，所以此船满载时的吃水深度也不到五米。密集排列的翼肋由橡木制成，内外都铺上了坚固的船舱板，最外面的防冰层在水线处有两寸厚的绿心樟，是一种特别坚硬、不易腐坏，且有一定复原能力的热带林木。此外，整个水下部分都由可在冰上滑行的铜片包裹，同时也保护船只不受船蛆和其他有害物质的侵害。用这艘船，南森就可以毫无顾虑地在极地冰上移动，前往北极点。

富勒姆号的船长是南森，他也是此次探险队的队长，他的副手是奥托·斯维德鲁普（Otto Sverdrup）。在南森穿越格陵兰岛的滑雪旅程中，他也参与其中。整个探险队由13名男子组成，全是在雪地、森林，甚至在北极航行过的老手。船上配备了最恶劣条件下所需的装备。灯油、石炭也装进了船舱，数量远超预计所需。所用的研究设备拥有最新的技术，修理维护的材料也相当充足，足以让船员们在紧急情况下在一座孤岛岸边建造一艘新船。

一个重要的问题在于食物储量。南森坚持使用干肉饼，这是按照印第安人的方式用敲打、晒干、剁碎的方法制作的无脂肪肉，再与提炼的牛油混合而成。干燥情况下这种干肉和脂肪的混合物可保存数年，而且营养价值极高。在储物间放着许多肉罐头、鱼、干果、各种汤类、饼干、面包干、脆面包片、小肉块、蛋粉、果酱、牛奶浓缩物、糖、巧克力、茶、咖啡、可可豆，等等。一切俱备，数量充盈。南森预计探险至少持续三年，为保险起见还多计算了时间。

饮用水只装了少量。饮用水很重而且占地方，南森根据经验知道在极地海洋中，不仅通过雨水可以获得淡水，通过融化的冰雪也可获得。浓烈的饮料更加缺乏。南森绝对不是一个禁酒主义者，他很会品尝啤酒。不过，他认为在北极地区的极端环境下，任何酒精饮料，包括啤酒，都是有害的。大量饮酒会让他们产生温暖安全的假象，就算少量饮酒也会降低他们的反应速度。在一片"活的"冰川上旅行，眨眼间就可能攸关生死。

一起装载上船的烈酒，是用作标本的保存剂和沸腾器的燃料的。一些探险成员在私人行李里带上了一两瓶可以饮用的蒸馏烈酒。当然，为了感谢资助者和庆祝圣诞节等节日，富勒姆号也装上了几桶灵内斯酒厂专为极地远征酿造的烈性啤酒，这些啤酒就算冻上了也不会坏掉。

1893年盛夏，富勒姆号在克里斯蒂安尼亚（今奥斯陆）入水，七月离开挪威领海，沿航线向东到达新地岛和北西伯利亚海岸。当他们靠近西伯利亚最北端的切柳斯金角时，探险队发现了一处未知的陆地，于是将其命名为资助者的名字：阿克塞尔海伯格岛（在俄国地图上名为海伯格岛）。探险旅行继续，入秋时海水开始结冰，到九月底富勒姆号处于新西伯利亚群岛西面，周围布满了冰。十月初船已经被牢牢冻住，进入过冬状态。向北缓慢漂移的旅程如预计一样开始了。

在冰上的日子日复一日。船上的人们每天都进行一次定位，观察天气、冰面和海洋，以此来确定行程的进度。实验室的架子上用烈酒保存的标本杯子越来越多。船员们会在周围地区进行短途打猎，为餐桌增添了鱼和烤海豹肉。据南森说只要适应了强烈的鱼油味就会觉得特别好吃。男人们还猎获过一些北极熊，把熊肉烤着吃。在圣诞节餐宴上，他们用最后一杯灵内斯啤酒进行了庆祝。到了新的一年，船还是照原定航线前进。数月后，即1894年底他们确认，冰上的富勒姆号将不会行进到预想中那样远，而是会在未来一到一年半的时间内，在斯匹次卑尔根群岛西面从冰上脱落，无法到达北极点。一直保持清醒的南森，开始更深入地考虑第一个到达北极点的其他可能。如果不能用船到达，那就用滑雪板和狗拉雪橇。距北极点只有800公里了。当然，回来的路上就不可能再找到富勒姆号了。不过，不管如何，在下一个夏天海洋融化之前，他们可以到达斯匹次卑尔根群岛或者法兰士约瑟夫地群岛。整个路程总长不会超过1 500公里。

1895年2月极夜之后，阳光重现。富勒姆号处于北纬84°，似乎没有再往北移动了。南森全权委托斯维德鲁普在他不在的期间行使探险队队长的职权，然后自己动身前往北极点。他选择了与亚尔马·约翰森（Hjalmar Johansen）同行，因为约翰森是位经验丰富的滑雪专家和猎人，而且是1889年巴黎世界滑雪赛的冠军。他们精确地计划了装备和食物分量，共重714.47公斤，装在三辆雪橇上，由28只狗拖拉，船上只留两只雪橇狗。考虑到有可能会横渡水面，他们还带上了两艘皮艇。食物占据了最大的重量，狗粮只装了很少的量，南森计算过，他们可以杀掉最瘦弱的狗，然后把肉拿来喂那些剩下的狗。

出发第一天，他们就已经清楚知道，他们不会像在船附近试滑那样快速前行。极地海洋上的冰原不是平坦的，而是由分裂和堆叠在一起的冰组成的小坡和丘陵，坑坑洼洼的，甚至在寒冬会出现裂痕和湖泊。一个月后，第一只疲惫不堪、不能再拉雪橇的狗出现了，面临被宰杀的命运。南森在日记里记录着："这是整个旅程中履行的最难受的义务。"其他狗一开始也被自己同类的肉吓退，然而饥饿还是让它们很快学会了吞食同类。

有一天他们忘记了给表上发条。约翰森的表停了，南森的表还在走，但显然不是正确的时间了，这是一次沉重的挫折。在确定地理位置时，通过观察当地中午与格林尼治或其他已知经线的比例，可以算出经度。北极地区的经度之间距离很近，更加需要测量的精准度。所以他们立刻给表上发条，试着调整到正确时间，希望得到最好的结果。后来证明，他们的地理定位经度误差几乎到了6°。

数周之后，南森和约翰森都清楚地知道，他们不可能到达北极点。4月8日，他们开始返程。他们到达的最北端是北纬86°

10'，东经约95°。他们从这里出发前往法兰士约瑟夫地群岛，当时预计距离约400公里，实际上的距离是约700公里。

回程的路是一场希望与绝望交织的生死战斗。越来越多的狗被宰杀喂其他狗，两人与剩下的狗拉行李也越来越困难。到了五月，他们丢下三辆雪橇中的一辆，储存的物品被整合在一起，可以放在两辆雪橇上让剩下的十只狗拉着。雪橇狗一只只地都沦为同类的食物，最后剩余的狗已经饥不择食，扔给它们的肉都不需要剥皮。南森和约翰森用一只狗的血做了血煎饼，而且发现味道并不那么差。

六月，堆积的冰层变成了大块浮冰，已经可以感受到海洋广阔的水面。食物的储存即将见底。一部分干肉饼变湿腐烂了。雪橇上的皮艇有些破损，南森和约翰森修补之后，准备尽快让皮艇下水。7月22日他们猎杀了一只海豹，缓解了饥饿之急。第二天他们又捕到一只，南森在日记中颇有诗意地描写了此事："海豹肉非常好吃。海豹油不管是生吃还是煎着吃都非常可口。昨天我们用生海豹油煮了汤。今天中午我煎了一块肉，就算是在'大饭店'也不会比这个好吃。当然，要是有一壶上档次的啤酒搭配就更棒了。"之后，南森又回到他简明的学者风格，描绘了约翰森和他是如何通过煎油脂的香味把三头北极熊引诱到营地并进行捕获的。

8月3日，他俩计划横穿冰面。所有的装备都堆在皮艇上并且被牢牢绑住。南森突然听到身后的噪声，然后他听到约翰森向他要一支武器。南森转过身，看见一只潜伏在冰后的北极熊，正扑向约翰森，向他的脑袋咬去。约翰森冷静地说："请您快开枪，不然就晚了。"没有任何一个西部荒野枪手能与南森的速度媲美。他从皮艇拿出一支步枪，从两米开外的地方用枪里唯一一颗铅弹射中了北极熊。19世纪的绅士在最危急的情况下，也要保持风度体面。直到下一个圣诞庆祝会上，弗里乔夫（南森）和亚尔马（约翰森）才觉得彼此足够熟悉，可以开始用"你"称呼对方。

四天后他们面前出现了海面。两人宰杀了最后一只狗，把所有能装下的东西都装到皮艇上，然后出航。他们一开始认为自己处于法兰士约瑟夫地群岛的北部，然而很快就发现，他们左手边也就是东方的一块陆地，不符合任何已知的描述。陡峭悬崖前的潮水向西方奔去。南森和约翰森还是坚定地继续前行，希望能到达法兰士约瑟夫地群岛的南部，因为在那里很可能会碰到其他的研究探险者，能带他们回到文明世界。

秋天很快就来到了。八月底的夜晚变得很冷，海岸边有新的冰开始结成。南森和约翰森发现，继续前行毫无意义。他们开始建造一个过冬营地并储存食物。他们在最后无冰的日子里猎捕海象。秋天的海象脂肪肥厚，就算是尸体也不会下沉。一个男人就可以用皮艇把猎到的海象拖到岸边。不过要把一吨重的猎物拖到陆地上，就是另外一回事了。因此，他们在岸边将猎物剥皮、肢解，把肉放在营地小屋旁铺开的海象皮上，在上面再用第二张海象皮盖住。海水的浸泡已经让肉含有盐味，可直接煎烤，而大自然就是保质肉类的大冷冻箱。当然，他们必须时不时到小屋里取暖。燃烧的酒精和灯油早就已经用尽，但海象油脂还有很多。在小屋里用于照明和取暖的临时蜡烛，就是把用绷带卷做的灯芯放在一个装满油脂碎块的铁盘上燃烧。

1895年到1896年的冬天，两人大部分时间是躺在熊皮下度过的。营地小屋里的温度就像一个现代冰箱的内部温度。据南森说，结冰的墙壁在油脂灯微弱的灯光中闪烁，看起来是很美的。屋外零下40摄氏度，寒风从极地海洋吹来。脂肪浸泡过的衣服贴在皮肤上，让两人身上有无数擦伤。衣服几乎无法御寒，两人想在外面活动一下的希望越来越渺茫。二月，南森在日记中写道："整个冬天都在地下小屋躺着，无事可做，这太奇怪了，"他还写道，"我们的生活并没有特别舒适，"不过却补充道，他和约翰森从来没有失去过希望。他写道，大多数时候他很想念的东西按照先后顺序分别是书、干净的衣服和像样的食物。他一定也不会拒绝来一杯啤酒吧。

1896年5月他们继续前行。南森和约翰森沿着不知名的海岸，时而划着皮艇行驶，时而在陆地上拖着装有设备的雪橇行走在积雪上。海面上融化的冰时不时地裂开发出巨响，像远处传来的枪声。到了六月他们听到的声音不再是冰裂的轰隆，而是狗叫声。南森穿上滑雪板，顺着声音滑去，很快就遇到了英国探险家弗雷德里克·乔治·杰克逊（Frederick George Jackson），他正在隶属法兰士约瑟夫地群岛的诺斯布鲁克岛上探险过冬。很快地，他们也把约翰森接过来，两个挪威人在杰克逊的佛罗拉角营地饱餐了一顿，据南森说，杰克逊的营地是一座真正的木屋，里面全部都是现代的设备，极为舒适。八月初杰克逊的补给船到了，把南森和约翰森带到了挪威。他们回到挪威五天后，富勒姆号也回来了。就像南森预计的一样，富勒姆号随冰漂流三年后，在斯瓦尔巴群岛西面解冻。

这之后，南森成为奥斯陆大学的动物学和海洋学教授。他1906年到1908年作为挪威大使出使伦敦，20世纪20年代在国际联盟出任高级专员负责难民事务，为无国籍公民倡议发行了南森护照。1922年获诺贝尔和平奖。

富勒姆号在奥托·斯维德鲁普船长的带领下在极地海洋上继续航行。1901年到1902年，斯维德鲁普在加拿大的北极岛群上探险研究。他测绘了埃尔斯米尔岛西面的岛群，现被称为斯维德鲁普群岛，到1930年都属于挪威。除了这位探险家，支持他探险旅程的酿酒商，也在地图上名留青史。斯维德鲁普群岛中最大的一座岛，同时也是世界上最大的一座无人岛（43 178平方公里），被命名为阿克塞尔海伯格岛，其西南方的岛屿分别名为埃勒夫灵内斯岛（11 295平方公里）和阿蒙德灵内斯岛（5 255平方公里）。

1910年到1912年，富勒姆号作为罗尔德·阿蒙森（Roald Amundsen）的辅助船驶入南极周围地区。富勒姆号是第一艘支持过南北两极地区研究的探险船。阿蒙森也向船的出资者致敬，把南极一个山谷冰川命名为阿克塞尔海伯格冰川。今天，富勒姆号被保存在奥斯陆的博物馆。

灵内斯帝国北极星啤酒 Ringnes Imperial Polaris

挪威，奥斯陆

类型：勃克啤酒
酒精含量：10.0%
原麦芽：22° P
苦度：46 EBU
色泽：56 EBC

　　对挪威探险家的支持，使灵内斯酿酒厂赢得了许多正面关注。不过这基本上无关提高知名度，阿克塞尔·海伯格和灵内斯兄弟更多的还是对地理研究有着真正的热爱。为南森之行酿造的双倍勃克啤酒博克勒（Bokøl），也是合作的一部分。这种烈性啤酒在漫长的海上旅行中能保持其口感，比清淡一些的饮料更能御寒。

　　灵内斯酿酒厂至1978年之前一直都是家族产业，2004年起属于嘉士伯集团。为了纪念约一百年前的极地旅行，2012年灵内斯推出了特别产品，由Bokøl引发灵感的双倍勃克。此啤酒与布鲁克林酒厂的著名啤酒师加勒特·奥利弗（Garrett Oliver）联合生产，取名为"帝国北极星"。另外还有2013年［优酿北极星（Superior Polaris）］及2014年推出的特别产品。灵内斯帝国北极星是一种深棕色的双倍勃克，气味中带有蜂蜜、太妃糖及柑橘香。如在10~12摄氏度的理想温度下饮用啤酒，其太妃糖和清淡啤酒花的口感会非常突出。

THE ILLUSTRATED
LONDON NEWS

N. 3951 SATURDAY JANUARY 9, 1915. SIXPENCE.

1914年圣诞，多地的英国士兵与德国士兵停火共度节日。
1915年1月一张报纸的头版图。

13

别开枪！我们带来了啤酒

　　1914年12月，第一次世界大战开始约五个月后，疯狂残酷的战斗中间透出一丝人性的微光。在西线的许多地方，士兵们都在圣诞期间放下了武器。这也激发了人民之间的兄弟情谊，就像足球和啤酒一样，把年轻的男人们联系了起来。

　　战争开始时，德国的西线战略在于绕过法国防御系统，在比利时领土上进攻。头几周里这个计划看起来是很成功的。然而到了1914年秋天，进军速度减缓，十月基本上就停滞了。由此开始了漫长的阵地战，在接下来的几年，任何一方都没有取得显著的胜利。

　　战争时长出乎每个人的意料，从各涉战国家的最高指挥官到普通士兵。媒体宣传让战争双方都以为这会是一个很迅速的胜利，然而当秋雨冲刷着整个佛兰德地面上的战壕时，大家才意识到这严重的现实：人们都陷在深深的泥泞里。教皇本笃十五世（Benedikt XV）在秋天多次呼吁和平。12月7日他说道，希望"至少在天使歌唱的那个晚上能放下武器"。伦敦、柏林和巴黎的人对此并不受触动。

　　战壕中的人们却不那么固执。我们不清楚当时停火的协议是在何种范围内预先商议的。历史档案显示，前线的双方指挥官并未预料到会发生什么。记录中只有一些单个的警告，禁止士兵们计划任何阻碍或中断战争的群众运动。士兵们给家里写的信里也没有说到停火的信息。教皇的号召传播开去，也许也传到了一些士兵的耳朵里。不过很难估计这一和平号召会带来什么影响。1914年圣诞期间停火的大部分参与者，是新教支持者。比如法国的天主教区就没有听从他们最高宗教领袖的呼吁。

　　圣诞气氛的第一个征兆在平安夜前一天就出现了。西线北部比利时和法国的交界地区，很多战壕里都响起了圣诞歌曲。德军回应了英军的合唱，相反亦然。士兵们继续唱着，为给圣诞节做准备，他们还在壕沟里点起了蜡烛、装扮了树枝——不过圣诞冷杉树在佛兰德地区是几乎不生长的。

　　在前线的许多地段，白天就只有零零落落的枪声。平安夜里出现了第一次为和平做出的努力。会说敌军语言的士兵们在无人区大喊出停火建议。如果没有精通语言的人，他们就根据传统习俗用白旗发出和平信号。最大胆的一些人爬出战壕，在战线另一端找到了同样大胆的效仿者。不过，大部分前线地段是到第一个圣诞日才开始停火的。

　　对停火涉及的范围有不同的估计。根据所得资料显示，约十万士兵在圣诞期间放下了武器。因为西线有超过一百万人战斗，所以只有极少数的人参与了停火。停火主要在战线的最北部，在比利时和法国的佛兰德地区。放下武器的协约国士兵们来自不列颠岛。德军中停火的士兵们大部分来自萨克森州，其次来自巴伐利亚和威斯特法伦州。

在里尔（Lille）西边的弗雷兰吉安（Frelinghien），威尔士的第二王国轻步兵团与萨克森州的第134步兵团两军对垒。英国陆军上尉C.I.斯托克韦尔（C.I. Stockwell）在回忆当时圣诞事件时说道：

"那天晚上霜冻很重。地上一层白色，雾也很浓。我们在战壕通道旁竖起了一块大牌子，上面写着'圣诞快乐'，面向对面的萨克森人。他们朝我们这边呼叫了什么。快中午一点时雾散了，他们终于能看清楚牌子了。萨克森人喊着：'别开枪！我们给你们带了一些啤酒，如果你们出来的话。'我们的一些人站了起来，向他们挥手。萨克森人爬过了墙，向我们滚过来一个酒桶。然后他们一个个成群结队地都站了起来，没有武器，而我们的人当然也站了起来。尽管有人警告我们，说德国人有可能向我们冲过来，但我们中的两个人还是跳出了战壕，去接那个酒桶。"

德国人还有第二桶啤酒。士兵们把酒桶立在无人区，两边的人都打算做点什么。斯托克韦尔意识到，他作为营长必须要行动起来。所以他用仅有的一点德语词汇，呼唤萨克森指挥官马克思米利安·弗莱赫尔·冯·辛勒上尉（Maximilian Freiherr von

Sinner）过来。两位军官达成一致，到午夜之前停火。士兵们已经开始庆祝了。除了啤酒，还有烟草和食物作为圣诞礼物。德国军官没有给斯托克韦尔桶装啤酒，因为他遵守了德国军队的等级秩序：军官必须单独招待。斯托克韦尔继续回忆道：

"上尉叫来一个小伙子，很快就从壕沟里跳上来一个德国士兵，带着酒杯和两瓶啤酒。我们欢快地喝酒，举杯祝对方身体健康。两边的士兵也对此赞同，纷纷效仿。然后我们很得体地告别了对方，回到了自己的位置。"

弗莱赫尔·冯·辛勒上尉的礼貌举动，或许也是想维护尊严。在威尔士军队服役的弗兰克·理查兹（Frank Richards）回忆了这圣诞啤酒的品质："尽管法国啤酒喝起来像是腐败了一样，但两桶酒都喝光了。"也许这啤酒产于德军前线附近的弗雷兰吉安酿酒厂。为了维护法国啤酒，必须得说，腐坏的味道肯定不是属于其本身的味道。如果那是上层发酵的啤酒，应该是即刻饮用的，而酒桶已经在潮湿的战壕里放了数月，腐坏就不足为奇了。

弗雷兰吉安酿酒厂现已不再酿造啤酒。1915年初英国的炮火摧毁了酒厂楼房。

德军上尉弗莱赫尔·冯·辛勒招待的瓶装啤酒，可能是进口自他家乡的商品。虽然运输瓶装啤酒并不享有前线后勤供应的最高优先权，然而补给档案表明，为保障军官的特权，偶尔会供应德国酿酒厂的产品。作为回赠的礼物，斯托克韦尔给了德国军官一份传统的圣诞菜肴：葡萄干布丁。

对接下来12月25日下午在弗雷兰吉安发生的事件的描述，有一部分相互矛盾——原因可能在于不太可靠的记忆，而不在于提到的啤酒桶。在无人区里士兵们举办了一场足球赛。虽然一些英国人回忆说是英国士兵内部的一场比赛，但极有可能是一场非正式的威尔士对战德国的球赛。在一些资料里也提到比赛结果：德国三比二赢得了比赛。

　　弗雷兰吉安今天的足球场建在村庄西南部德阿芒蒂埃尔街边，在1914年圣诞那场可能的球赛举行的同一地点。足球也让前线其他军团的士兵联合起来。我们知道，在佛兰德的圣诞的第一天，举行了多次德国与英国之间的友谊赛。根据当时在场的人的描述，其他球赛时提供的饮料，比弗雷兰吉安的更简单平淡。

　　整桶啤酒喝光之后，弗雷兰吉安的萨克森人和威尔士人回到了自己的战壕。他们最后约定，把停火延长到第二天早上。圣诞第二天早上，英国人拆下他们的圣诞祝贺牌时，德国战壕里很快升起一张床单，上面写着"谢谢！"

　　士兵们的家书表明，圣诞的宁静对大多数人来说都意义非凡，为阴暗的战争生活带来了一丝光亮。在英国本土战线上，战斗短暂中断的消息传来，也造成了非常积极的影响。英国的报纸，包括发行量百万的《每日镜报》在头版版面上放了摆出兄弟姿势的英军与德军照片。这些照片和传统的贬低敌军的战争宣传风格大相径庭。

　　士兵们恣意的停火行为却也让战争指挥官不满。英国将军贺拉斯·史密斯-道伦（Horace Smith-Dorrien）于1914年圣诞第二天在日记中写道："这件事清楚地说明，我们陷入了一种麻木不仁的状态，而且我下达的命令都毫无结果。我很明确地下令，在任何情况下与敌军接触都是绝不可以的。"史密斯-道伦不是唯一一个要求遵守纪律而非放下武器的将军。当然这次意外事件不会上升到战争法庭——毕竟圣诞节的气氛也感染了双方的战争指挥最高层。

在普通士兵中间也有人没有因圣诞停火而高兴。巴伐利亚第16预备步兵团没有参与停火行动，团中士兵阿道夫·希特勒（Adolf Hitler）跟战友抱怨道："你们心里难道一点儿德国荣誉感都没有吗？"

1914年圣诞的停火是一战中的个别情况。接下来的那一年，军队长官预先警告，这类事件不能再次发生。战争的漫长、血腥的战斗和毒气攻击导致两边的士兵都变得冷酷无情。原本的兄弟情谊变成了仇恨，人们不再为祝敌军健康而举杯共饮了。

谷物大麦酿酒1898 Grain d'Orge Cuvée 1898

法国，里尔

类型：艾尔啤酒

酒精含量：8.5%

调味成分、苦度和色泽的确切数据是谷物大麦酿酒厂（Grain d'Orge）的商业机密。

　　2008年11月"一战"结束九十周年之际，萨克森州和威尔士的代表团齐聚弗雷兰吉安，纪念1914年圣诞的和平事件。他们揭幕了一座纪念碑，足球比赛也在行程安排上。萨克森人又一次赢得了友谊赛，这一次比分为二比一。赛后胜利者为致敬传统，为球场带来一桶啤酒。这是他们从家乡带来的拉德贝格的比尔森啤酒。

　　1914年圣诞日，士兵们喝的不是比尔森，而是当地的啤酒，极有可能是弗雷兰吉安酿酒厂的艾尔啤酒。佛兰德省处于法国和比利时的边界，是一个有名的啤酒地区。

　　谷物大麦酿酒厂［前身为旺达姆啤酒厂（Brasserie Vandamme）］位于里尔市的龙尚镇，距离弗雷兰吉安约20公里。其产品"鬼王啤酒"（Belzebuth）国际知名，是一种有30%酒精含量的烈性啤酒。该厂另一种"谷物大麦1898"啤酒代表了该地区"一战"时就已有的古老啤酒传统。这种啤酒呈琥珀色，冷藏后发酵成熟的乡村啤酒，带甘甜水果口味和清淡的啤酒花香味。

●

20世纪20年代纳粹党领袖聚集在一起饮酒。
希勒特向来的习惯是放一瓶矿泉水在身前。

14

啤酒厅的煽动者

阿道夫·希特勒从"一战"回来时，是一个三十岁的无业游民，没有值得一提的教育背景，也没有什么职业资格。"一战"中他由最前线的传令兵晋升为上等兵。1918年8月希勒特获得一级铁十字勋章，这在普通士兵中获得者相当稀少。同年十月，他在最后的伊普尔大战中被毒气所伤，导致视力永久性受损，也让他的声音变成后来有名的独特音色。

德国的战后时期并无安宁。从野战医院回来的希特勒在慕尼黑他的军团司令部报道时，没有被解任，而是从代替军团的调查局得到一个任务：搜集关于在慕尼黑刚刚失败的组建议员共和国的信息。很快，他就被指派为当地军区司令部的情报官员，主要任务是观察那些传播和平主义、社会主义及类似思想的人。很明显，这些秘密情报工作和德国国防军联系在一起，他们以维护国内秩序和安全的名义掌控魏玛共和国的军队。希特勒早已决定要成为一名政客，认识各个小团体和阴谋者为他打开了绝佳的契机。

1919年9月，希特勒从政治部得到委托，去监视一个叫作德国工人党的小党派。一天晚上，他坐在名叫斯特思内克（Sterneckerbräu）的酒馆，监视此党派25名党员的集会。希特勒在《我的奋斗》一书中写道，他对所见所闻并不特别欣赏。他把这个"党派"定义为一群无害的笨蛋组成的团体，当有个人主张巴伐利亚独立时，他正想离开这个酒馆。这时希特勒跳起来，用严厉的言辞主张一个伟大统一、不可分割的德国，结果这个之前的演讲者——用希特勒的话来说——像一只落水狗一样退下去，而其他人隔着酒壶，对这位不知名的发言者目瞪口呆。希特勒说完话离开了酒馆，德国工人党的领袖安东·德莱克斯勒（Anton Drexler）追上他，递给他一本介绍工人党纲领和目标的小册子。第二天，希特勒收到德莱克斯勒寄来的一张明信片，邀请他入党。

　　希特勒的第一反应是愤怒。他不想加入任何党派，更不用说这群无害的笨蛋的党派，他想成立自己的党。然而他没有立刻拒绝，几天后他参加了"老玫瑰浴场"酒馆里的党主席团会议。出席的四位党主席热情地欢迎了他。接下来他们宣读了党员的信件，发现财务箱里剩下七马克五十芬尼，而出纳员免责。"太可怕了，太可怕！这真是最让人生气的社团了。所以，我应该加入这个俱乐部？"希特勒之后关于这件事如此写道。

　　几天以后，希特勒作为第七名成员加入了德国工人党主席团，但他却不像在《我的奋斗》中宣称的那样，是第七名党员。

事实上，关于当时这个党派的党员数量在资料中有非常矛盾的信息，大约在二十名到四十名之间。

啤酒厅是一个德国地道的——尤其是巴伐利亚的传统，其根源可追溯到非常古老的过去，塔西陀曾报告说，日耳曼人遇到重要的大型事件时，非常喜欢喝啤酒。啤酒厅作为集会酒馆很受欢迎，主要因为无须支付大厅租金，只要点足够的啤酒。这一点在德国基本上毫无难度。啤酒厅对公开辩论来说是最适合的场所。较小的社团可以在侧间和后面的隔间集会，不少协会的办公室都在他们常去酒馆的隔间。重视公开性的人，可以使用大厅，厅内除了一个军乐队或其他交响乐团的舞台以外，还常常有一个讲台。啤酒厅内的气氛可以为一位精明的演讲者带来意想不到的效果。

希特勒在战前的维也纳认识到了咖啡厅传统及其对谈文化。虽然据传他一开始必须得适应德国啤酒厅的嘈杂喧闹，甚至有时觉得啤酒馆特别俗气，但他在慕尼黑的啤酒厅里很快就如鱼得水，在那儿宣扬自己的思想。

工人党成员数从1919年秋不到四十人，增加到1920年1月的一百多人，在希勒特1920年初加入之后更是迅速地增长。为了让更多人听到并回应他的想法，1920年2月希特勒在慕尼黑著名的"皇家啤酒屋"召开了一次集会，约2 000人出席——希特勒计划此集会时，党主席团里一半人认为这相当疯狂，还当着他的面直接这么说过，但希特勒对此毫不在意。据在场的见证人说，集会上的气氛喧闹放纵。希特勒开始演讲时，他的话很大一部分都被淹没在支持者和反对者的叫喊声中，服务生端着新啤酒壶疾走穿梭，椅子都摔裂了，大厅里时不时有人斗殴。希特勒后来在《我的奋斗》中写道："差不多四个小时后，大厅渐渐空了……那时候我就知道，现在一次群众运动的准则已在德国民族中萌生，不会再被遗忘。"

希特勒流转于各个啤酒厅，卖力地宣扬自己的政见。仅仅三年半之后，这"不会再被遗忘"的思想就引起极大反响，民族社会主义者及其拥护者在1923年秋已数以千计。1921年夏，希特勒成为纳粹党的独裁者；在此之前，纳粹党的办公室就从斯特恩内克酒馆的小隔间搬到了科尼利厄斯啤酒屋（Bierstube Cornelius）较大的隔间里。

当时的魏玛共和国非常软弱，摇摇欲坠。德国各地有志愿军掌管，是由右派的金融界和国防军默许武装起来的私人军队。右派党和左派党都拥有自己的暴力行动组织及巷战军队。纳粹党的冲锋队SA因其先进的武器和严格的军事纪律，在私人军队中相当突出。在各省和各州都出现了暴动和革命。柏林政府请求军队和志愿军的支持。德国部分地方宣告进入紧急状态。

当时巴伐利亚由三人执政：总理古斯塔夫·冯·卡尔（Gustav von Kahr）、巴伐利亚驻军国防师的指挥官奥托·冯·洛索将军（Otto von Lossow），以及州警察总署的署长汉斯·冯·塞瑟上校（Hans von Seißer）。1923年秋，柏林政府出于公共秩序和公共安全的考虑，取缔了纳粹报纸《人民观察家报》，逮捕了一些志愿军军官。此时巴伐利亚政府宣布不服从柏林的命令。慕尼黑的局势日益紧张。作为大一统德国思想的维护者，希特勒倒不担心柏林中央政府的命令，他更害怕的是巴伐利亚卡尔政府宣布独立、维特尔斯巴赫王朝复辟。因此他认为，进行伟大的、具有意义的行动的时间到来了。

在慕尼黑的许多啤酒厅里啤酒壶高举不下，杯觥交错。这要是放在过去可是另一番景象。古巴比伦那些允许阴谋家在屋内集会的酒馆主人，会受到国王汉谟拉比最严厉的处罚，而国王判刑时肯定是有充分的理由。

巴伐利亚政府通知，由于目前尖锐的政治局势，卡尔将于11月8日在慕尼黑最大的啤酒厅"市民啤酒馆"内发表演说，洛索和塞瑟也会出席。这个啤酒厅建于1885年，1920年这个"资产阶级的啤酒馆"与狮子酿酒厂合并之后，此处就供应带狮子商标的啤酒。20世纪20年代初，这个市民啤酒馆也变成纳粹党的中心聚集点之一。狮子酿酒厂的主要拥有者之一约瑟夫·施莱因是一个犹太人，那时候这似乎对纳粹来说并不是什么问题。

11月8日周四晚，夜幕刚刚降临，人们涌入慕尼黑海德浩森区罗森海姆街上的市民啤酒馆。旁边的街道上却暗中进行着另一项活动。卡尔在晚上8点过后开始他的演讲时，厅里约三千座位都满了。外面武装的SA冲锋队包围了啤酒馆。8:45卡尔讲了差不多半小时，大厅的门被冲破了。希特勒穿着过大的深色西装，打着歪斜的领带，走进大厅跳上一张桌子，拿出手枪朝天开了一枪，令全场安静。跟随他的冲锋队把枪口对准了听众，并把一架重型机关枪推进大厅。卡尔目瞪口呆，中断了演讲。在突然的安静中，希特勒跳下桌子走向讲台，把卡尔撞到一边并大声喊道，民族革命爆发了，任何人不允许离开大厅。然后他宣告，罢免巴伐利亚政府，他将成立临时帝国政府，警察和军队都支持革命。

接下来，一个活生生的传奇人物走了进来：埃里希·鲁登道夫将军（Erich Ludendorff），他"一战"时是陆军总监和除兴登堡以外第二重要的将军。他总是身着德国将军的全套华丽制服，穿着擦得反光的皮靴，戴着有尖角的头盔。58岁的鲁登道夫患有脑钙化，当时支持并协助纳粹党。也许他并不太清楚希特勒邀请他参加的是何种聚会。听众们高声欢呼，欢迎这位著名战争英雄的到来。

希特勒用机关枪要求大厅里的人安静，与卡尔、洛索和塞瑟进入一个隔间谈判。赫尔曼·戈林（Hermann Göring）这时走上讲台，安抚民众说道，他们带着最友好的目的，大众没必要担心。"您有啤酒呀！"他补充道。乐队演奏起了欢快的旋律，服务员又端上了啤酒壶。

在旁边的隔间里，希特勒要求巴伐利亚三位领导人加入革命，接管他分配的新帝国政府的职务。卡尔、洛索和塞瑟三位都是贵族，他们看着希特勒，正如一个德国贵族军官看着一个曾经的上等兵那样，然后清楚知道他们是绝不可能与他合作的。就算

　　　　　24品脱的历史：啤酒与欧洲

是希特勒手中晃动的手枪，也丝毫不能增加合作的可能性。对于希特勒的革命来说这是很遗憾的挫折，但他并未动摇。他返回大厅，宣布他刚刚成立了新政府，他自己是领导人，而鲁登道夫则是军队首领。他说，如果巴伐利亚从腐朽的共和国中解放出来，就出征柏林，清除鼠窝，让柏林成为新帝国的首都。群众的欢呼声震天动地。

希特勒再次走进隔间与卡尔、洛索和塞瑟谈话。这三人听到了大厅里发生的事，准备好出去对群众说他们同意希特勒的计划。大厅里气氛极其热烈。啤酒壶在空中飞来飞去，乐队演奏着胜利进军曲，最激动的人在桌上跳着舞。只有鲁登道夫很愤怒，因为他听到不是自己而是希特勒出任新德国的独裁者。

冲锋队在城市里占领了一些关键位置。在革命的欢呼声中，市民啤酒馆里传入一个消息，正规军队来制止骚乱了。希特勒命令鲁登道夫看管巴伐利亚的三位执政人，然后走出去亲自察看局势。

当希特勒回到市民啤酒馆时，气氛已经冷淡下来，人们开始离开大厅。卡尔、洛索和塞瑟也轻松离开，没有人试图拦住他们。然而他们在同一天夜里宣布，他们之前做出的承诺是受到了武器的胁迫，因此是无效的。如此华丽开场的革命，就这样失败了。

第二天上午，即11月9日，约三千名纳粹党人上街游行，晃动着万字旗从市民啤酒馆出发行进到慕尼黑市中心，带头的是希特勒及其最紧密的党内伙伴，后面跟着武装冲锋队。走到路德维希桥时，他们用语言暴力以及利用同行的鲁登道夫的威望突破了一个警方的路障，但到了市中心的音乐厅广场，他们遇到了一列带武器的警察部队。不清楚是谁开了第一枪，所有的资料都显示，听到一声手枪响之后，所有方向连续开火，结果三名警察和十七名纳粹分子死在大街上。枪声轰隆中，希特勒猛烈地扑倒在地上，导致肩头脱臼。交火开始时鲁登道夫并未像其他人一样卧倒在地，而是像骑士一样继续前进，向警察投去奇特的目光，直到他最后被拦住并客气地被押走。

随后进行的审判中，希特勒因叛国罪被判五年有期徒刑，但他最终只坐了八个月的牢。

令人吃惊的是，人们对希特勒的啤酒口味及其他爱好所知甚少。他在慕尼黑时期的朋友恩斯特·汉夫施丹格尔（Ernst Hanfstaengl）说，希特勒时不时会喝一杯深色啤酒。1924年叛国罪审判时，希特勒却说自己是禁酒主义者，要润润喉咙的时候只会喝一口水或者一口啤酒。

所有形式的健康教导在德国一直都享有极高地位，而纳粹一开始就把希特勒宣传为吃素食和喝矿泉水的健康人士。纳粹负责宣传的约瑟夫·戈培尔（Joseph Goebbels）塑造出希特勒是禁酒人士的形象，与现实是不符的。巴伐利亚乡村的霍尔茨基兴总酿酒厂每个月都会给这位领导人送来自酿的特制啤酒，一种深色窖藏啤酒，酒精含量低于2%。英国特工知晓了这件事，在1944年福斯利暗杀作战中甚至计划在给希特勒的啤酒中下毒。

狮子酿酒厂原装啤酒 Löwenbräu Original

德国，慕尼黑

类型：窖藏啤酒
酒精含量：5.2%
原麦芽：11.7° P
苦度：20 EBU
色泽：6.9 EBC

"市民啤酒馆"在20世纪30年代和"二战"期间是纳粹的圣地，那时纳粹每年都会在这里为纪念政变事件大肆庆祝。1939年11月8日，一颗暗杀希特勒的炸弹炸毁了这个酒馆。希特勒在庆祝活动上发表了比预期短很多的演讲，当炸弹爆炸时，他已经动身，离他半小时之前发言的地方仅几米远。

1945年美国人关闭了市民啤酒馆，用其作为慕尼黑驻军的食堂，直至1957年。1958年它带着狮子酿酒厂的标志重新开张，但却风光不再。这个小酒馆终止于20世纪70年代，1979年这幢楼被推平了，原址在希尔顿酒店和文化中心音乐厅中间，今天此处立着设置暗杀炸弹的乔治·艾尔赛的纪念碑。

狮子酿酒厂最畅销的啤酒品牌是狮子酿酒厂原装啤酒，当初在市民啤酒馆也售卖过。这是一种根据古老的巴伐利亚啤酒纯酿法酿造的浅色窖藏啤酒。啤酒的口感醇厚浓郁，有淡淡的麦芽甜和啤酒花香味。

德国外交部部长古斯塔夫·施特雷泽曼（Gustav Stresemann）（左）于1925年洛迦诺协议休息中，旁边是别国协议代表奥斯丁·张伯伦（Austen Chamberlain）（中间，英国）和阿里斯蒂德·白里安（Aristide Briand）（右，法国）。

15

啤酒贸易指导下的外交政策

    古斯塔夫·施特雷泽曼是德国"一战"失败后新外交政策中最重要的领导人。在魏玛共和国风雨飘摇的年代,外交部部长施特雷泽曼必须在内政和外政中找到平衡。他非常巧妙地成功完成了任务。他用强有力的双手牢牢托住了德国,就像他年轻时托住啤酒盘子一样。国家没有颠覆,和邻国的关系未有任何破裂。施特雷泽曼曾获得民族经济学博士学位,掌握了关于世界进程的理论知识。他博士论文的主题是柏林的啤酒贸易。但施特雷泽曼于1929年早逝之后,上一章提到的那位不太喜爱啤酒的奥地利上等兵,在短短几年内就毁掉了施特雷泽曼为德国建立的备受承认和尊重的地位。

    施特雷泽曼于1878年出生在柏林一个中下层家庭。其父是一位批发商,在酿酒厂购买桶装小麦啤酒,即柏林白啤酒(Berliner Weiße),然后分装成瓶卖给零售商。施特雷泽曼家位于柏林路易森城(Luisenstadt)城区科普尼克街,家中还有一个家庭小酒馆,卖柏林白啤酒和简单菜肴,有两间小房间可租给过夜的客人。古斯塔夫是七个孩子中最小的一个。他个子能够到柜台的时候，就开始在酒馆里帮忙干活儿了。这个家里聪明的老幺对啤酒贸易的经济方面尤其感兴趣。刚开始上学的时候，他就知道桶装小麦啤酒每升多少钱，一瓶可以卖多少钱，以及分装和运输啤酒的劳工成本又是多少。

19世纪末，一个接一个的酿酒厂购置了装瓶设备，让瓶装啤酒市场的竞争日益激烈。施特雷泽曼家当时虽有足够的收入，但古斯塔夫开始思考未来。家族企业的继续经营看起来没什么有利前景。他在高中最后一年考虑了很久，是否要学习文学和历史，然而最后却决定选择一项能带来稳定收入的专业：经济学。1897年施特雷泽曼在腓特烈·威廉大学（今洪堡大学）注册登记，但第二年搬到莱比锡学习民族经济学。他对啤酒产品经济方面的兴趣并未减弱。在莱比锡，他开始对关于柏林瓶装啤酒贸易的博士论文进行研究，对此他在青年时代就已经积累了丰富的经验了。

施特雷泽曼在博士论文《柏林瓶装啤酒商业的发展》中，介绍了啤酒贸易历史的概况，分析了19至20世纪交替时柏林的市场情况。当然他个人更倾向于传统的分工方式，酿酒厂生产出啤酒，批发商负责销售给酒馆，以及瓶装运送给零售商。然而在他的研究里，对于酿酒厂把工作范围扩展到装瓶，他并未拒绝，尽管这一扩展让他父亲这类的许多小企业主都丢掉了工作。施特雷泽曼认为，经济效率是市场成功的前提之一。不可忘记的是，酿酒厂和分瓶商之间并不是敌人，而是联盟。如果酿酒厂的生意没有收益，那么与其合作的批发商也不能高枕无忧。

施特雷泽曼建议小企业进行分工合作。他认为，独立企业想要用和大酿酒厂一样的效率进行运输、分装、销售和少量啤酒的零售，是毫无意义的。相反地，一家企业可以和酿酒厂合作，负责啤酒桶的运输。酿酒厂出于这样那样的原因没有资源自己装瓶的一批商品，可以让第二家企业接管。第三家企业可以负责把啤酒箱运送给零售商，第四家企业则完全专注于啤酒馆的运营。转卖零售商也可以共同建立一个自己的酿酒厂，稳固自己的位置。

传统柏林人的刻板形象，是舒服地抽着烟斗、喝着小麦啤酒的人。根据施特雷泽曼的论文，这类人群的敌人，绝对不是现代化的柏林啤酒工业。对喝啤酒的人的选择，以及商家的未来，最大的危险其实是巴伐利亚窖藏啤酒的传播。柏林白啤酒的酿造需要时间，而且产品数量无法上升到窖藏类上层发酵啤酒的水平。施特雷泽曼得出结论，柏林的酿酒厂和啤酒商应该寻找一种合作的新模式，更有效率地进行啤酒商业活动，而不是继续守着传统的方式。这样才可能阻止柏林啤酒市场被窖藏啤酒占领，就像比如慕尼黑啤酒市场被窖藏占领一样。

施特雷泽曼的博士论文成绩优异。虽然评分上有备注说他的研究有些过于宽泛，但他对题材的把握得到了明确的赞誉。他的关于经济作为重要的历史推动力的理论观点也获得了认可。评判他博士论文的教授们不能预见到，施特雷泽曼从啤酒贸易上学到的知识，后来会指导了德国的外交政策25年。

博士毕业后，施特雷泽曼开始了在工业团体的事业。他留在了食品生产领域，从啤酒贸易的研究到接手德国巧克力制造商协会的领导工作。之后，他成为萨克森制造商协会的负责人，此外他一步一步走向了政治高峰。德国"一战"后在1918年成为了共和国，施特雷泽曼成为自由主义的德意志人民党的建党人之一，并任第一任主席。这个党很成功。1923年施特雷泽曼被选为总理，从1923年到1929年他去世时，他一直都是德国外交部部长。

施特雷泽曼的外交政策，与在科普尼克街的酒馆里端送酒壶时，或者分析柏林啤酒贸易时，基本都遵守一样的原则：总是要掌握平衡。他坚信，一个由使用或威胁使用暴力建立的单边独裁政策，在战后世界的国家交往中不再有效。长久的解决办法在于，发展国家之间的合作，让每个国家都可以找到符合自己利益的角色。就像柏林啤酒市场一样，不仅为大范围获取利益的大酿酒厂提供机会，也为分工化的小企业提供生存空间。在施特雷泽曼规划的新欧洲，地域性的强国和较小的国家都能找到各自的位置和成功的战略。

如何让自己国家的选民赞同这一跨国界的想法，这个问题本身就值得写一章节了。1923年施特雷泽曼出任总理时，国家经济处于崩溃边缘，通货膨胀严重，钱币一文不值。法国和比利时刚刚占领了鲁尔区，德国各地区都出现了暴动。1923年10月，莱茵地区宣布独立，11月纳粹在巴伐利亚发动了政变。在这个背景下，要提到德法友谊或者欧洲的经济合作，不是容易的事。施特雷泽曼也并没有在第一时间这样尝试。他知道，外交政策在国内靠演讲体现，但在外国就得靠行动体现。想要把两者合一，是徒劳的。施特雷泽曼在选民面前说到了德国地位的提升，但并未提到，这种提升需通过谦恭和怀柔来实现。

在施特雷泽曼专注于外交政策之前，他稳定了德国的经济，缓解了内政的骚乱。在任职总理期间，他发行了新的货币地产抵押马克，一地产抵押马克对十亿老马克，这一举动阻止了通货膨胀的恶化。施特雷泽曼明白，只有当一种货币的价值有真实对应物时，才会被重视。一位酒馆主人也必须考虑好，谁才有信用。可以给一位工厂老板的啤酒赊账，不过可不能赊给街上的杂工走卒。"一战"失败后，国家银行没有黄金储备，但地产抵押马克与抵押给银行的土地及工业产品联系在一起，这些抵押物的价值是稳定的。

作为外交部部长，施特雷泽曼尽力为德国创造一个与"一战"胜利国权利平等的地位。他意识到，要让民族之间相互信任，必须通过个人的信任来开辟道路。从酒馆无数个夜晚积累的经验中，他知道怎么做才有用。进行国家访问时，他的做法不限于会议记录和正式会谈。施特雷泽曼喜欢与他的客人们共进晚餐，进行私人谈话，饮用民族饮料。这尤其符合法国总理阿里斯蒂德·白里安（Aristide Briand）的口味。对法国来说，20世纪20年代的德国仍是死敌，然而施特雷泽曼和白里安能共同说服法国人，欺辱德国长期来看对任何人都没有好处。由白里安策划的洛迦诺公约，1925年确定了德国的西面边界，第二年允许德国加入国际联盟。缓和政策的两名英雄，施特雷泽曼和白里安，1926年获得了诺贝尔和平奖。

就像欧洲合作的一名先锋理查德·康登霍维-凯乐奇（Richand Coudenhove-Kalergi）所说，施特雷泽曼主张与欧洲国家合作，"不是出于对欧洲的爱，而是出于对德国的爱"。他代表的见解深远广泛，认为国与国之间的合作对各方都有好处。与邻国在经济上相互依赖，对施特雷泽曼来说，也是防止战争的关键。但直到25年之后，经历了第二次世界大战，欧洲国家才真正理解了施特雷泽曼在20世纪20年代就说过的观点："您今天看法国是最大的铁矿拥有国，同时也是一个煤矿储量不足的国家；您看到波兰有丰富的煤矿和完全未发展的工业。……经济趋向于合并。"欧洲煤钢共同体1951年拉开了欧洲的和平经济合作序幕，后来通过欧洲经济共同体和欧洲联盟更深化了欧洲合作。2012年欧盟获诺贝尔和平奖，欧盟代表发表获奖感言时虽然回忆了20世纪40到50年代交替时德法关系新的开始，但鲜少有人知道，20年代时就已有关于友谊、合作和互助的类似预想了。

施特雷泽曼1927年起患有严重的心脏病，1929年10月因心肌梗死去世。他葬在柏林十字山区的路易森城墓园。德意志人民党形象与其领袖的个人人格联系紧密，领袖去世后失去了大部分的支持者。几个激进的党派开始蓬勃发展，到1932年希勒特领导下的纳粹党就成为第一大党。缓和与平衡的时代过去了。

柏林小子白啤 Berliner Kindl Weisse

德国，柏林

类型：小麦啤酒
酒精含量：3.0%
原麦芽：7.5° P
苦度：4 EBU
色泽：4.7 EBC

　　拿破仑的法国军队在1809年动身去俄国之前，在柏林认识了小麦啤酒，并称其为"北方的香槟"。柏林小子白啤代表的传统可以说是历史的遗风。我们知道，17、18世纪北德各地生产过此类带酸味的低酒精小麦啤酒，但后来窖藏啤酒风靡全球，越来越多的酿酒厂就停产了——除了柏林。19世纪是啤酒的黄金时代，数以百计的柏林酿酒厂生产了白啤酒。接下来的一个世纪中，人们对啤酒的热爱有所减退，但21世纪对地方传统啤酒的兴趣又再度复苏。今天，德国白啤酒已经是一个保护品牌了。小子舒尔特海斯酿酒厂酿造的柏林小子白啤是唯一一个大批量生产的品种，但许多小酿酒厂也生产白啤酒。

　　未过滤的柏林小子白啤的颜色各有不同，从浅黄到金黄。气味中主要有酸味、小麦味和柠檬味。口感中含有柑橘和苹果香气。可饮用原味啤酒，或者根据传统方式添加覆盆子或车叶草糖浆来缓和酸味，添加后颜色呈红色或绿色。

20世纪20年代环法自行车赛的两名运动员，正坐在乡村酒馆的台阶上喝啤酒解渴。

16

啤酒的环赛

"年轻人进行体育运动和醉酒，好过只醉酒。"20世纪20年代初芬兰体育宣传家塔赫谷·比赫卡拉（Tahko Pihkala）说道。他这番话不是空穴来风，到那时为止运动员们一直很喜欢喝酒。虽然20世纪初因为禁酒运动，芬兰对体操协会和体育协会加强了管理，但带有酒精的体育历史远远长于禁酒的体育历史。就连最有名的自行车运动比赛，即环法自行车赛，也有着明显的饮酒过往。环赛历史上至少有一个赛段的胜利清清楚楚记载在啤酒账本上。

现代体育运动发源于19世纪的英国，当时无论是贵族还是不断壮大的工人阶层进行的体育锻炼，都逐渐发展为有规则的体育运动。这两个社会阶层都不会干着喉咙去运动。尽管绅士们玩板球时主要喝的是茶，但活动结束时大部分都喝更强劲的饮料。通常打完一轮高尔夫球之后，大家会聚在"第十九个洞"重温比赛，同时喝上一两杯。团体类的运动更受平民喜爱，其比赛模式则向农民市场上的比赛看齐，人们喝啤酒、琴酒和烧酒，气氛如狂欢节般热烈。不可忘记的是，啤酒传统上就是体力劳动者饮食中的重要一环。当初波特啤酒给了伦敦码头的搬运工许多力量，现在这种力量对运动员们来说当然也是值得向往的。

体育作家约翰·巴德科克（John Badcock）——其真实姓名不得而知——在1828年建议运动员们："对一位运动员来说最好的饮料就是烈性艾尔。应该总喝冷的饮料。最好的啤酒是当地酿造的老啤酒，但不是瓶装的。少量的红酒则适合那些完全不喝麦芽饮料的人，不过绝不能喝超过半品脱（0.28升），应该午餐后饮用。啤酒的饮用量每天不应该超过三品脱（1.7升），应该早餐和午餐时饮用，晚餐时不饮用。人绝不能喝纯水，而烈酒是严格禁止的，除非将其稀释。"

我们可以说，巴德科克在他的时代是有远见的。蒸馏酒精在19世纪是广为传播的运动饮料。人们觉得，蒸馏酒精可以提高整体能力，可以用来作为短期兴奋剂，直到19世纪下半叶才对此提出了广泛的批判。就算这样，也只有最极端的禁酒主义者试图说服运动员们对酒完全节欲。中庸的批判家建议，出成绩阶段不喝烈酒，只喝啤酒。但大部分人并不反对一小杯烈酒。长跑运动员喜欢干邑白兰地，而自行车运动员更喜欢朗姆酒和气泡酒。玛格丽特·葛斯特（Margaret Gast）1900年创造了女运动员四条赛段的世界纪录——分别是从500英里到2 500英里（4184公里）。其中最后一条赛段她骑行了296小时，即约十三天，途中她喝了少量的啤酒和白兰地。

使用或滥用酒精作为兴奋剂给耐力运动员的最著名例子

之一，来自1904年圣路易斯奥林匹克的马拉松比赛。冠军托马斯·希克斯（Thomas Hicks）在比赛时显出疲态，因此他的教练们递给他混有士的宁的白兰地。第一次喝下之后没有达到想要的效果，所以教练们又混合了一杯。希克斯又有了活力，冲到了终点线，然而他一跨过终点线就晕倒了。虽然没有留下永久性的伤害，但医生们认为如果他喝下第三杯就会致命，此外也发现了他体内的士的宁。后来士的宁主要用作老鼠药。

20世纪初期在自行车运动中，高酒精度饮料的饮用明显减少。这个转变背后不光有健康或者运动的原因。人们更多地认识到，可用其他东西消除疲劳和麻醉痛感。

不过，啤酒却在接力赛时普遍被饮用。1903年举行了第一届环法自行车赛。从一开始赛道旁就有补给点，运动员们可以在此获取食物和饮料。但补给点之间的距离较大，如果水瓶空了，自行车手有可能在补给点之间的地方感到口渴。因为规定禁止帮助同行车手，所以不能向其他车手要饮料。要解渴有三种可能性：接受观众的饮料，喝路边的喷泉，或者在路边小酒馆歇脚。三种方法都很常用。有时整个车队都在一起，车手们甚至会商量一起去休息解渴。即便是没有类似的商量，停下来几分钟在乡村酒馆里喝一杯啤酒，几乎不会改变整个比赛的排位情况。1905年至1912年的环法自行车赛上，选手们争夺的是名次，而非整个赛程使用的时间。即使后来赛制改为计算时间，选手们休息时也并不特别急着上路。比如1914年环赛时，冠军与第十位到达终点的车手之间相差约八小时。

　　1935年7月24日周三，第29届环法自行车赛的车手们在万里无云的晴空下出发。法国西南部的空气闷热，上午气温就升到了三十度以上。车手们在压抑的炎热中行驶在第十七个赛段上，从波城（Pau）到波尔多的一段224公里平路。主力车队在一条很长的大道上，用比较平缓的速度向西北方沉默前行。看上去没有人准备停下来休息、提高速度或者停止接下来的比赛。车手们之前已经历了比利牛斯山两个消耗体能的赛段，而且环赛最后几天还有三段个人计时赛，所以车手们不想在阿基坦公路上有不必要的消耗。所有迹象表明，这将是在车鞍座上漫长、筋疲力尽的一天——是后世无可纪念的一天。

　　突然，不经意的一瞥让整个车队兴奋起来。一群观众站在路边朝他们招手，观众前面放着一张长桌，上面满是冰冻好的啤酒瓶。

　　关于少量酒精对体能影响的生理学研究，一部分是相互矛盾的。2009年维吉尔·路库尔特和伊夫·舒茨在研究中发现，酒精会暂时降低运动中车手的体能产生，从而降低他们的整体表现。在早前一些研究中，并没有明显证据表明酒精对体能有减弱的影响。但这些研究结果都一致表明，少量酒精不太可能造成肌肉损伤。酒精对精神运动能力比如反应速度、平衡感以及手眼协调的后续影响，则是无可争议的。酒精引起兴奋的作用或者可能的安慰剂效用，目前还没有科学依据。

　　如果在评估酒精作用时，除了纯乙醇，还涉及其他内含物的话，甚至可以确定地说啤酒对耐力运动员有积极的影响。啤酒超过百分之九十的成分是水，因此如果没有其他选择，啤酒可以作为运动饮料为自行车手提供器官所需的液体、能量以及矿物质储备。

在环法自行车赛上，啤酒相较于水有一个毋庸置疑的优势，就是其调料在酿造时煮过。主要原因在于，如果一位车手从观众那儿接过饮料，那啤酒就比水少一些危险，因为水的来源和干净程度都未知。如果自行车运动员喝得很少，那啤酒能有效地让人清醒，而不含其他副作用。

然而上文提到的1935年第十七赛段中，啤酒却产生了一个令人遗憾的副作用：短暂的注意力降低。当其他车手像看到海市蜃楼般盯住这片啤酒绿洲时，法国选手尤利安·莫伊诺（Julien Moineau）悄然驶出主力车手队伍，向前疾驰。停下来饮酒休息后，一些车手把储水瓶塞进衣服口袋时，产生了一些混乱：自行车倒了，把手卡在了车架上，导致车队耽误了更多时间。当竞争车手们终于回到了车鞍座上，莫伊诺早就骑了很远了，还继续发了疯似的往前驶去。他从他的支持者那儿拿到饮料，把差距越拉越大，最终以7小时34分30秒的成绩到达波尔多。主力车队15分30秒之后才抵达终点。这是自1929年以来环法自行车赛单个赛段中最大的时间差距。

尽管莫伊诺本人从来没明确承认，但很可能他是知道这个路边啤酒的诱惑的。像许多自行车运动历史学家猜想的那样，也许这是他本人的设宴。无论如何，他为剩下的路段确保了足够的饮料补给。此外，他以不寻常的大变速比开启赛程，使用的是52齿的链环，而非常用的44齿或50齿。在车队行进和慢速行驶时（由于天气预报所以这在预料之中），这个变速比消耗了不必要的力气，但当他冲出竞争者车队脱颖而出时，这毫无疑问就极具优势了。

不管莫伊诺是否计划了这次啤酒阴谋，他全身心地享受了一次环法赛中他的第三个赛段的胜利。两百多公里骑行之后，他在终点区喝下一杯啤酒来庆祝。可以说，是非常应该的。毕竟他几个小时前拒绝了啤酒——与其他车手恰恰相反。

可伦堡1664啤酒 Kronenbourg 1664

法国，奥贝奈（Obernai）

类型：窖藏啤酒
酒精含量：4.5%
原麦芽：10.4° P
苦度：22 EBU
色泽：9 EBC

　　法国最西南的阿基坦地区，莫伊诺取得其赛段胜利的地方，是啤酒地图上的一片空白领域。法国啤酒工业最发达的地区是阿尔萨斯地区和佛兰德影响的北部地区。在德法边境的斯特拉斯堡（Straßburg）路边，能看到很多骑自行车的人和啤酒。

　　阿尔萨斯是对自行车骑行来说很受欢迎的一个地区。环法自行车赛也定期穿过省会斯特拉斯堡。莫伊诺职业生涯时期，斯特拉斯堡在1927—1930年以及1932年都是赛段城市。2006年在该城及周边地区不仅举行了首场时间赛（开场赛），而且这里也是第一个赛段。第二个赛段的出发点是斯特拉斯堡西南边相距三十公里的酿酒城市奥贝奈。

　　可伦堡酿酒厂成立于1664年，是法国最大的酿酒厂，主要营业处在斯特拉斯堡，但生产集中在奥贝奈。可伦堡1664是一种新鲜的、带麦芽和水果香味的窖藏啤酒。除了大麦以外，生产时也使用了小麦和葡萄糖浆。同时使用了高级的阿尔萨斯特种啤酒花"史翠赛斯伯"（Strisselspalt）。在法国，这种啤酒的销售比例约占百分之四十，是当之无愧的市场领先者。

迹象文学社成员在泰晤士河边：（左起）詹姆士·邓达斯-格兰特（James Dundas-Grant）、科林·哈迪（Colin Hardie）、罗伯特·哈佛（Robert Havard）和克利夫·斯特普尔斯·路易斯（C. S. Lewis）。第五人未知。

17

牛津大学最奇幻的酒吧小团体

　　绅士俱乐部是英国文化的一个传统元素。上层社会的男人们聚集在俱乐部房间，外面的人不许进入。他们用符合一个自由人尊严的方式打发时间：安静地谈话、读报、享受高贵的饮料，以及玩某种需要脑力胜过体力的游戏。入会通常受到严格的限制，而且大部分俱乐部连客人都不欢迎。

　　与私密性强的俱乐部相反，不列颠岛上也有公共聚会的百年传统，即英式酒吧，或俗称的酒吧。任何人都可以进入酒吧，行为和衣着不像私人俱乐部那么正式。

　　英国在两次战争之间的时期仍是阶级社会，其中贵族、商人、军官或科学家不算酒吧的常客。当然也存在例外。牛津大学校区边的"鹰和小孩"酒吧成立于17世纪，除了学生以外，教授们也能在此消除身体和心灵的疲劳。约20年中，这个酒吧的常客里有一个文学讨论小组，他们每个周二上午都在一个小隔间内谈论文学和其他主题。这个小组自称为迹象文学社（The Inklings），成员主要有《魔戒》的作者约翰·罗纳德·鲁埃尔·托尔金（J.R.R. Tolkien）以及《纳尼亚传奇》之父克利夫·斯特普尔斯·路易斯。

托尔金与路易斯的第一次碰面是在1926年5月，当时34岁的托尔金是古英语学教授，27岁的路易斯是英国语言与文学的大学讲师。客套的熟人逐年发展成了亲密的朋友，因为他们都发现对方对古老的传说感兴趣。他们相互评论对方的研究和文学文章，不过两人真正紧密的合作，是由路易斯1932年搬到牛津的哥哥瓦伦（Warren Lewis）促成的。这位平易近人的兄长在一个周日的早晨偶然走进弟弟的书房，加入了路易斯和托尔金的文学谈话。瓦伦为两人的讨论带来了全新的观点，由于意见交换延续了很长时间，他建议去附近的"东门"酒吧吃午餐喝啤酒。

很快地，谈话圈里就加入了一些来自牛津文学界的新成员，开始了固定的模式。每周四晚上，一些成员聚集在路易斯在莫德林学院的房间里，像路易斯写的那样"喝啤酒，聊天，有时候还共进晚餐"。周二上午，大家会在"鹰和小孩"酒吧见面，会面常常延续到中午。这间酒吧也有个昵称"鸟和宝宝"，酒吧根据英国传统风俗由许多小房间组成，室内主要是深色木头的装饰。如果这个固定酒吧出于某种原因没有位子，那周二的聚会就会改到"国王手臂"酒吧或者"小羊与旗帜"酒吧。

聚会是非正式的，参加者和谈话主题都不会记录下来。不过，参加者的日记和信件反映出了当时的主题。有时候看起来最重要的只是去见朋友。托尔金就1944年10月他进入酒吧的情形写道："我很意外地发现了杰克（路易斯）和瓦尼（其兄瓦伦）已经坐下来了。这一次不缺啤酒了，酒吧里又变好了。我们的谈话相当的热烈。"

在教授们的圈子里，绅士俱乐部的精神继续存在。虽然迹象文学社在一个公共场所聚会，但这还是一个封闭的小组。海军军官詹姆士·邓达斯·格兰特回忆道："我们坐在一个小的隔间里，这里冬天烧着一个舒适的壁炉。拉丁俗语在空气中飞来飞去，人们还引用荷马的原文。"他们对其他酒吧访客的评论并不关心，误入房间的客人会被客气地请出去。如果有人明确地想加入作家小组，当然也不会被撵出去，但旁观者会被非常冷淡地对待。大家也不太愿意让成员带客人来。托尔金有几次被斥责，就因为他违反了迹象文学社的原则。只有事先跟其他人约定好，才能带客人来。

从1933年到20世纪40年代末，迹象文学社每周聚会一次。路易斯兄弟、托尔金和罗伯特·哈佛医生是小组的核心，几乎每次都到场，其他聚会成员会不断变化。几年后，小组有约二十名成员，但大部分聚会到场人数不到十人，其中没有女性。

聚会时，小组成员会朗读自己正在写的文章，然后互相评论，但他们也讨论普遍的文学主题。看起来常常是在论述科学写作与虚构小说之间的关系，这也阐释了小组与牛津大学的紧密联系。并不是所有成员都是作家，尽管对文学和神话的爱好是把大家联系在一起的原因。许多人是文学或语言学家，但也有人是历史学家，小组中还有一位军官和一位医生。在路易斯书房的会面以主题讨论为主，而周二在酒吧的相聚则更自由。美国作家内森·斯塔尔（Nathan Starr）在回忆他访问牛津时说道："我走进酒吧，在吧台点了一杯啤酒之后，被带进了一个房间，这是酒吧老板为路易斯和他的朋友们预订的。酒吧里的谈话相当平常，我不记得曾有过一个严肃的辩论。那是一群有相同职业和爱好的男人们之间非常不拘礼的友好谈话。"

迹象文学社的文学爱好主要在于故事、传说以及神话史诗文学。两位领军人物路易斯和托尔金都在20世纪30年代构思了一个发生在幻想世界的故事。1937年托尔金出版了处女小说《霍比特人》。一年之后，路易斯的太空三部曲第一部《来自寂静的星球》出版。两部作品的手稿都在"鹰和小孩"酒吧的方桌旁朗读过，他们后来的作品草稿同样也是这样。

托尔金的《魔戒》三部曲（写于1937年至1949年，出版于1954年至1955年），路易斯的突破之作《地狱来鸿》（1942年）以及查尔斯·威廉姆斯（Charles Williams）的幻想经典作品《万圣节前夜》，都在酒吧里找到了他们的第一批听众。路易斯在回忆录里坦率地承认，在迹象文学社里的谈话和批判，对他的写作发展有着决定性作用。在那些年，他也会把年少时脑中的幻想世界写出来，这些想法在1950年到1956年形成了纳尼亚系列。路易斯写道，托尔金对批判免疫，不过他也提到，他这位同事是出了名的克制和隐忍，激动的时候偶尔会"大声地用古英语说话"。

不过，小组的反馈还是会影响托尔金。他思考很久之后才撰写了《魔戒》的尾声，之前写过两个版本，迹象文学社里的人都不喜欢。之后托尔金对他的决定后悔了，尾声的一个版本，出现在其子克里斯托夫整理出版的《中土世界的历史》中。

迹象文学社定期的聚会到20世纪40年代末逐渐变少，1949年10月这样的聚会就结束了。这个文学圈子之后也偶尔在"鹰和小孩"酒吧会面，出席者都不固定。1962年，他们聚会的隔间"兔子房"在修葺之后与酒吧主房合并，迹象文学社开始寻找一家新的聚会酒馆。他们不需要从习惯的道路上偏离太多，新的聚会点是圣吉尔斯街对面的"小羊和旗帜"酒吧。

在酒吧这些年，不仅路易斯和托尔金修订了书里的结构和内容，就连啤酒也在书中扮演重要角色。比如《魔戒》里描写的，村庄布理的"跃马"旅店里的布置就和牛津的酒吧相同："弗罗多的眼睛刚一适应了光线，他就意识到，旅店的大酒廊里聚集了许多各种各样的群体。照明的主要是熊熊燃烧的壁炉火，因为天花板横梁上的三盏吊灯很昏暗，被烟雾笼罩着。"

托尔金描绘的中土世界里，喝啤酒的人同样也是底层的霍比特人和矮人。托尔金本人偏爱艾尔，但霍比特人除了艾尔也喝波特和蜂蜜酒。比尔博·巴金斯的酒歌里唱到了啤酒的卓越——描述与艾尔啤酒相符：

一个老酒壶，一个快乐的酒壶

灰灰地立在灰色的山坡上。

那里的人把啤酒酿得这么棕亮，

就连月亮之神都来张望

然后久久地躺在地上，无比酣畅。

庄严啤酒 Gravitas

英国，布里尔（Brill）

类型：艾尔啤酒
酒精含量：4.8%
原麦芽：12° P
苦度和色泽的确
切数据未知。

　　牛津目前没有商业的酿酒厂，但往东约二十公里的村庄布里尔却是威尔酿酒厂（Vale Brewery）的所在地，这是英国最著名的艾尔啤酒酿酒厂之一。酒厂除了生产约十种标准艾尔啤酒，还生产一种每月变化的特制啤酒，用以致敬霍比特人。2009年这家酿酒厂获得了CAMRA（真艾尔运动）奖，这是为现有艾尔文化产生的评选活动。

　　布里尔村庄在托尔金生前扮演了尤其重要的角色。他常常徒步到布里尔及周边一个布满风车的田园地区。布里尔也是《魔戒》中村庄布理的原型。威尔酿酒厂在酿造许多月份酒时也考虑到了托尔金与村庄布里尔的联系，将产品命名为"霍比特人"和"魔戒"。曾有一批月份酒也是献给作家小组迹象文学社的。

　　酒厂最出名的啤酒是较苦的淡色艾尔庄严。这种金黄色的啤酒口感中带有柠檬、树脂和啤酒花的细微层次。余味较干，带啤酒花苦味。庄严啤酒2008年至2010年在全国和地区啤酒大赛中获奖，也出口国外。

1944年夏，一架Mk XXX型喷火战斗机的机翼下带着啤酒桶，飞过萨塞克斯郡的田地。

18

英格兰的啤酒战役

　　操作一架现代的位于地球另一边的无人战斗机，毫无疑问是一项艰苦的工作。控制站里的操作者必须发展能动性，迅速操作，有时候也必须跳脱原有的操作模式。另一方面，他不需要像以前的战斗飞行员那样玩命，其工作环境、住宿条件和自由度都舒适很多。同样地，无人机操作者下班之后来一杯啤酒，和以前战斗飞行员下战场后喝一杯家乡的啤酒，也不具有完全相同的意义。

　　在活塞式引擎和螺旋桨驱动的时代，战斗机的作战半径一眼可见，但能在敌军战线附近的临时机场起飞。飞机必须定期送到远离前线的基地，送去设备良好的工厂里保养。在两次世界大战中，战斗机飞行员都出了名的具有创造性，他们用维修飞机完成各式各样的事情，为他们自己和其他人带去快乐。

　　曼弗雷德·冯·里希特霍芬（Manfred von Richthofen）是"一战"中的王牌飞行员，常常在保养、维修和运输途中绕远飞回家。他的飞机"信天翁"和"福克"对着陆和起飞跑道没有过高要求。1918年1月，里希特霍芬甚至给他在普鲁士军校上学的14岁的弟弟扔下一袋糖果。

赫尔姆特·利普菲尔特（Helmut Lipfert）是203次空战胜利的橡叶骑士铁十字勋章获得者，在提及"二战"东线情况时说到战斗机52中队的飞行员是如何小心仔细地使用他们的保养机和测试机。1943年夏，利普菲尔特的中队驻扎在克里米亚东部库班桥头堡旁的阿纳帕（Anapa）机场。黑海海岸的周边地区十分迷人，水果种植区有成熟的樱桃、杏和桃。来自阿纳帕的飞行员们是荒凉地区机场中受欢迎的客人，那里驻扎的友好同志们乐意帮助他们，为保养、调整和检查飞机找到合适的理由。但有一次事情进行得并不顺利，利普菲尔特必须迫降一架战斗机，其驾驶舱内的一个子弹箱里装着摘下的樱桃——这是他给朋友们的礼物。幸好没有被无情的上级发现这个货物。根据德国战争法，使用国家飞机运输私人物品，会受到严厉的惩罚。

1943年夏末，从库班撤退的可能性越来越大，气氛低沉。因为Bf 109战斗机无法夜间作战，飞行员们在黑暗的晚上无事可做，更让他们灰心丧气的是他们没办法用酒湿润喉咙。最后，有一位飞行员驾着飞机成功飞到了战线后方的大补给中心。当他返航接近机场时，机身下带着一个巨大的、形状少见的炸弹。飞机缓慢降落，异常小心地着陆，而且飞行员没有用力刹车，而是让

　　　　　　　　24品脱的历史：啤酒与欧洲

飞机自由滑行，同时小心地注意起落架不被颠簸或者过度的刹车阻碍，导致着陆时不触碰到地面。这架Bf 109战斗机下备用油箱的固定处，挂着一桶满满的啤酒——传统的德国啤酒桶容量为170升——酒桶下仅有几厘米的离地距离。虽然这位飞行员，军士长海因兹·萨克森伯格（Heinz Sachsenberg），没有被送上军事法庭，但据资料显示，这样的行动后来不再发生。德军前线上擅自获取补给这类做法，一般都是禁止的，基本上只存在很少的走私行动。

英军方面，上级对飞行员的擅自做主就没那么大的意见。1940年末英国战场以英国人明确的防守胜利告终，温斯顿·丘吉尔（Winston Churchill）在他的著名演讲中提到了战斗机中队："在人类战争的领域里，从来没有这么少的人对这么多的人做出过这么大的贡献。"这位英国人用不列颠的幽默把这段发言讲得有趣，他也暗示了飞行员在基地周边的酒吧里欠下的债务。每个人都知道这幽默背后沉痛的事实。虽然确实有一些被击落的飞行员留下了还未支付的账单，但几百名战斗机飞行员在数月不断的战斗中，阻断了德军空袭的高峰，逼迫敌人无限期地推延入侵计划。整个民族用不同的方式表达他们的感激之情。许多爱国的酿酒厂把啤酒送到空军基地，尤其是送给战斗机中队，只象征性地收取费用。

1944年6月诺曼底成功登陆的基本前提之一，是西方盟国在登陆区的空中优势。尽管德国空军早已被削弱，但英国人在战争最后时期也不能对其小觑。虽然东线失利，国内有炸弹袭击，德国人仍有足够的飞机。在特工报告中说，德军正在试验新型的快速喷气式飞机。许多德国飞行员操作熟练、战斗经验丰富，他们会利用每一个机会，毫不犹豫地攻击。德国人可能会突破盟军的空中防守，轰炸登陆舰队或补给运输船，因此盟军不可冒险。在最前线的上空，快速飞行的轰炸机和攻击机为盟军地面部队扫清障碍，拦截机的任务是在空中留住德军飞机，减轻其他部队的工作负担。

登陆成功之后，盟军开始在法国领土内推进。为了不浪费战斗机往返前线的飞行时间，英国皇家空军的领导层在计划作战行动时就决定，尽快在英吉利海峡的法国海岸驻扎一批飞行中队。事实上这件事轻而易举，因为那里有合适的机场。德军几年前计划入侵英国时，在法国内部重修了机场，还新建了一些，而撤退时没有时间彻底摧毁这些机场。

英军常用的战斗机是喷火战斗机，行动半径约750公里。1944年6月从英格兰南部的基地往返法国前线，会耗费一半的燃料。航程和空军作战要耗费更多燃料和飞行时间，如果没有在诺曼底往前推进的基地，那飞行范围会很小，作战能力也会相当微弱。

对于飞行员来说，在前线基地欠缺的条件下，在临时驻扎地持续的警报下随时待命作战，当然是非常有压力的。他们平时只能喝茶和帐篷食堂里的美国速溶咖啡，所以在没有飞行任务时，他们希望立刻就能喝到啤酒。

　　1944年夏，不计其数的补给品横穿海峡。因为必须为登陆军队带来所有物资，甚至桥头堡的厕纸，所以每天都有几吨重的物资送到，后来在和平时代很少有能超过这个运输规模的。往返的运输船甲板上，密密麻麻的都是运到战场或是撤回后方的士兵们。初期登陆区没有一个正规的码头，所以海岸越来越拥挤。盟军在远方的英国海岸基地悄悄建造了混凝土浮桥和钢桥，然后用它们在诺曼底组成了人工做的码头（名为桑葚港），对物资堆积问题有一定的缓解。运输船拉着组成码头的材料穿过海峡，将其深埋在诺曼底沙质的海滩上，并固定住。然而较长一段时间内，物资还是从登陆船的船头舷梯直接卸到海滩上。诺曼底的上空也很拥挤。非常急需的物资会首先通过降落伞投给陆军，之后急用的物资会投到第一个占领的机场。尽管精心安排了时间和规定了路线，但盟军海上和空中的运输工具太过拥挤，导致因相撞和其他意外造成的运输工具损失，远大于德军击沉击落的数量。

　　在这样的环境下，啤酒并不是战斗机飞行员最重要最急需的物资。因为诺曼底的交通线路极度超载，海陆空三军的补给军官也坚定不移地遵守着运输优先顺序。不过，诺曼底的飞行员们和内陆基地的飞行员们一样喜欢清啤、苦啤和淡色艾尔，甚至可能更喜欢，所以人们努力地寻找其他运输啤酒的可能性。

在诺曼底组成中队的战斗机，主要是Mk IX型喷火战斗机。这种战斗机可以在约600米长的草坪上起飞，其武器装备由机关炮和机关枪组成。重要的是，Mk IX的机翼上为轻型炮弹、火箭弹和后备油箱安装了支架。

战斗机会定期从诺曼底装备紧缺的机场飞到英国基地进行保养。肯特郡的比金山机场（Biggin Hill）位于伦敦南边，是英国皇家空军在1917年就开放的重要基地。这里有纯熟的技术和多方面的技巧，可进行飞机保养以及额外设备的设计、绘制和建造。仅几英里开外就是韦斯特勒姆酿酒厂。

爱德华·特纳（Edward Turner）主要因其发明的爱丽儿摩托车和凯旋摩托车而出名，但战争时期，他在伦敦南边的佩卡姆（Peckham）工厂里为空军飞机生产备用油箱。1944年夏，诺曼底登陆后不久，他就从英国皇家空军和韦斯特勒姆酿酒厂得到了一个有些奇特的委托。委托要求他把一些Mk IX喷火战斗机的后备油箱改造为啤酒运输箱。

改造油箱时，必须考虑到抗压强度和压力均衡。因为慢速的运输机在飞往诺曼底的路上会行进在较低空气层，战斗机飞在运输机上方，通常高度距离超过五千米。飞行高度升高，空气压力就会降低，而如果外压变小，啤酒里的二氧化碳会膨胀，要么导致啤酒起泡沫喷出油箱，要么油箱内压力升高。特纳的工厂解决了这个问题，他们使用了较厚的铝板，并通过加入隔层加固了设计。第二点，油箱必须容易清空。用一个合适的开关龙头取代底部的软木塞就达到了此目的。1944年7月，比金山基地就把啤酒灌入这样的油箱中，然后放在从诺曼底飞来保养的飞机机翼下方。因为战斗中队和侦察中队拥有多种型号的大量喷火战斗机，这种带有新型油箱的机型就被命名为Mk XXX型。

Mk XXX的另一个改造战线在西苏赛克斯郡的福特基地或亚普敦（Yapton）基地。1944年夏，那里主要进行维修和飞行测试。在那里的机场获得啤酒也不是问题。许多酿酒厂在经历艰难的战争岁月之后，终于能预见到盟军的推进，他们带着诺曼底作战的爱国主义精神，甚至准备免费为飞行员们运送啤酒。附近地区的小酿酒厂中，利特尔汉普顿的亨提&康斯塔伯酿酒厂作为啤酒供应商显得尤其突出。

福特机场的负责人是测试飞行员杰弗里·奎尔（Jeffrey Quill），他熟知各类机型及它们之间最细小的不同。在他的带领下，福特机场开始尝试把啤酒桶直接固定在喷火战斗机机翼的支架上。事实证明，在支架锁紧装置上可以不费吹灰之力地安装两个金属箍，能绝好地固定住英国酿酒厂的标准酒桶，可装18加仑或82升啤酒。根据计算和试飞结果确定，不论是酒桶的重量和大气阻力，还是厚木板制造的酒桶中的压力变化，都不会引起问题。另一个优点是，啤酒不需要换容器。这样啤酒也不带金属味道，因为有些追求口感的人会对佩卡姆模式的油箱里的啤酒吹毛求疵。因此很快地，酒桶就被固定在机翼下运送，而非使用啤酒油箱。

不过，机翼下固定的酒桶还是带来了一个实际的困难，其离地距离低于喷火战斗机起落架的弹性极限。在英国机场平坦坚硬的跑道起飞时，这不会造成大的损伤，然而在诺曼底的临时机场着陆时，情况就不同了。

诺曼底桥头堡的英军飞行员存在的意义，绝不限于获取啤酒。为了维护领空权，需要不间断的飞行活动，让每架敢接近的德国飞机立刻被多倍的优势击落。如果看不到德国空军，那战斗机就专注地给地面部队进行火力掩护。敌军的射击会损伤飞机，而且密集的作战也导致未受损的飞机必须在很短的时间间隔内送去维修保养。

在最前线的中队里，每周会举办一场"酒桶巡回赛"，同一次飞行中也会运输中队的邮递信件和其他紧急的、能在战斗机狭小的空间放下的东西。士兵们会带着生硬的、过分严肃的英国幽默，把酒桶巡回赛当作一周的盛事来举办。他们把空酒桶固定在喷火战斗机机翼下，选出来的飞行员会接到这项严肃的重任，带着他人良好的建议去执行。返程时他会受到全队无任务人员的接待。托尼·琼森（Tony Jonsson）——皇家空军唯一的一位冰岛战斗机飞行员，后来成为第二任联合国秘书长达格·哈马舍尔德（Dag Hammarskjöld）的飞行员——说道，当一架喷火战斗机带着机翼下两个满载啤酒的酒桶从英国返航时，从来没有任何一架战斗机着陆，会像1944年的诺曼底这样被如此仔细地观察和评价。一个颠簸的着陆，一个地上的坑洼或者不小心的刹车，都会让起落架剧烈弹跳，使一个酒桶甚或更严重地使两个酒桶都触地。因为一个酒桶装有18加仑的啤酒，1加仑相当于8品脱，一个破洞的酒桶就会导致144品脱的啤酒流到跑道上。一个飞行员如果发生了这种悲剧，这周剩下的日子里大家会不断地提醒他——直到下一次保养飞机准备起飞，人们就会再次紧张地等待着陆的成功。

显然大部分着陆都是成功的。至少在资料中未有显示，1944年夏战斗机因外部固定的货物起飞或着陆时触碰地面，对机翼造成比平时条件下更多的损伤。

夏去秋来，人们不光有诺曼底桥头堡，还能讨论到战争西线了。盟军的补给开始顺利进行，喷火战斗机机翼下的啤酒运输就废弃不用了。尼尔森勋爵（Horatio Nelson）曾说："英国期待着每一个人都履行他的义务。"即便机翼下的啤酒对战争进程和"二战"历史没有大的影响，但飞行员们六七月时带着勋爵这番话战斗在诺曼底桥头堡时，毫无疑问这还是让他们的心情得到了缓和。

准确地说，啤酒运输并不合法。英国海关尝试过提醒皇家空军的领导，这样的做法是在没有相应报关材料的情况下出口酒精饮料。然而空军司令部却通过谈判成功地解决了这个问题。

喷火战斗机顶级肯特郡艾尔啤酒
Spitfire Premium Kentish Ale

英国，法弗舍姆（Faversham）

类型：艾尔啤酒

酒精含量：4.2%

原麦芽：9.5° P

苦度：36 EBU

色泽的确切数据是尼姆牧羊人酿酒厂（Shepherd Neame）的商业机密。

　　"二战"时许多英国东南部的酿酒厂，用自己的产品为英国飞行员们消除了疲劳。这一章里提到的亨提&康斯塔伯酿酒厂于1955年关闭，而韦斯特勒姆酿酒厂还在继续营业。韦斯特勒姆酿酒厂的产品里，"英国斗牛犬"（British Bulldog）应该是最接近20世纪30年代及战后时期的啤酒。

　　肯特郡的尼姆牧羊人酿酒厂成立于1698年，是英国现存最古老的酿酒厂。酒厂的根基是传统艾尔啤酒，在两次世界大战中也有酿造。在物资短缺的年代，也用现有的原料生产啤酒，不给明确的品牌名，只在酿酒厂名下出售。英国领空空战五十周年纪念时，尼姆牧羊人酿酒厂为市场带来了"喷火战斗机顶级肯特郡艾尔"。酒厂想以此向那些抵抗了纳粹德国威胁、保卫了英国的飞行员致敬。

　　喷火战斗机是英国东南部一种典型的苦艾尔啤酒。其色泽呈果子棕，气味中含有太妃糖和啤酒花的细微层次。口感上有浓烈的啤酒花味，其中使用了三种当地的啤酒花：目标（Target）、第一金（First Gold）和东肯特戈尔丁思（East Kent Goldings）。

"二战"后，啤酒在意大利成为城市新生活的象征。

1956年疗养地蒙泰卡蒂尼泰尔美（Montecatini Terme）的一家酒吧，有佩罗尼啤酒的广告牌。照片：历史档案馆和佩罗尼啤酒博物馆，罗马，意大利。

19

意大利的美国梦

　　"Chiamami Peroni, sarò la tua birra!"　（意大利语，意为"叫我佩罗尼，我会成为你的啤酒"），一位如画般美丽的金发女郎，在20世纪60年代一个电视广告中轻声说道。意大利的男人们无法抵挡这种诱惑。他们从农村搬到城市，变得富有和时尚。他们渴望着金发佩罗尼的一个吻。

　　1948年至1973年这二十五年间，佩罗尼公司的啤酒产量增长了十倍，从每年2 350万升上升到超过25 000万升。全国的啤酒消耗也有相应的变化，1955年至1973年每人每年的啤酒消耗量从3.5升增长到17升。啤酒增长量反映了意大利战后几十年的社会变迁，但一部分原因也在于成功的市场营销。许多广告把啤酒塑造成时尚、成功的生活方式，这位佩罗尼金发美女只是其中一个例子。

　　如果去观察20世纪40年代至60年代在罗马拍摄的经典电影，就能从背景可见的城市景象中清楚看出意大利的变化——尽管电影展示的是罗马不同的区域和社会阶层。维多利奥·狄·西嘉

（Vittorio de Sica）的《单车失窃记》（1948年）反映了战后重建时物料的短缺和贫穷。威廉·惠勒（William Wylers）的电影《罗马假日》展现了50年代繁荣时期的乐观主义。费德里柯·费里尼（Federico Fellinis）展现的城市景象则带着时尚的脉搏，在多段式电影《薄伽丘70年》（第二节"诱惑"，1962年）中有无数小菲亚特（汽车）和花哨的灯牌广告。

"二战"让意大利一败涂地，失去了所有的殖民地，重建必须从零开始。多样化的农业为生存提供了基本，带来一次新的繁荣，然而却不能长期保证增长中人口的生计。更多的农村劳动力向城市涌入，给恢复期的工业带来了廉价劳动力。自20世纪40年代末，意大利的经济增长速度为战后欧洲之首。

大部分意大利人传统上都对美国有正面的想象。1900年至1914年约300万意大利人移居到美国。即使在新家乡由于语言不通和职业培训的欠缺，生活常常不如想象中那么容易，他们却从不在家书中抱怨。他们努力去实现美国梦，而且许多意籍美国人也成功了——通过这样那样的方式——黑帮成员艾尔·卡彭和男高音歌唱家恩里科·卡鲁索闻名国际。法西斯执政时期以及"二战"时期，意美的敌对局面让意大利对美国的热爱短暂降温，但战后建立新的友好关系的基础是存在的。

贝尼托·墨索里尼（Benito Mussolini）的声望随战争进程逐渐失色，1943年至1944年美国士兵被意大利人民视为解放者。当然也存在怀有其他想法的人，但这些人聪明地沉默了下去。像欧洲其他国家一样，士兵们向平民分发了口香糖、巧克力和其他东西，这些在这个饱受战争经济之苦的国家是难以触及的奢侈品。美国人一定非常有钱！这个大西洋对岸的国家按照马歇尔计划帮助了欧洲，保障了1948年至1951年欧洲国家的发展，这让美国变得更加正义。意大利获得了100万美元用于重建，不过英国和法国得到的更多。

当然不是所有人都想移居美国。战后意大利也有很多工作岗位。在意大利北方的城市，工业再次发展起来。虽然移居外国的比例仍然很高，而且美国南方成为新的移居目的地，然而人们的想法开始有所改变。不需要到大西洋的另一头去寻找梦想——梦想也可以在意大利实现。城市化改变了生活方式，意大利的啤酒工业也有了占领饮料市场的机会。

20世纪40年代末，意大利的啤酒消耗量还很低。在南部和中部地区，啤酒充其量是夏天的解渴饮料，人们吃饭时喝水或葡萄酒。当一个来自南方农村的人，到北方工业城市找工作，等待他的是另一种饮食文化。人们更喜欢吃米饭和玉米面做的糊，而不是面条。煎炸时不用橄榄油，而是用黄油。葡萄酒在北方也很受欢迎，但在19世纪还属于奥地利的地区，人们也很喜欢喝啤酒。

意大利北部地区的酿酒厂，比如莫雷蒂酿酒厂，年年都创造新的销售纪录。罗马酿酒厂佩罗尼必须面对这一挑战。佩罗尼收购了北方一些小的酿酒厂，但起决定性作用的是他们意识到，恰恰是传统不喝啤酒的地方才是市场前景最好的地方。增长可能性在于意大利的中南部。不过要激活这个市场，就必须改变当地人的生活习惯。

意大利在20世纪50年代经历了一个经济增长的奇迹，个人需求有极大增长。年轻的意大利人期望一种时尚的城市生活，包括相应的消费。佩罗尼在50年代初期购置了美国设备，更新了酿酒技术。同时公司领导层也学到了美国的市场战略，认识到在变迁社会中一个强力品牌名的重要性。消费者希望能选择，他们想买符合自己个性的自行车、香烟或者啤酒品牌，以体现自己的自由权利。

佩罗尼做出了自己的名声。公司希望拥有一群忠实的顾客，不随便喝其他啤酒，而是明确地选择佩罗尼。品牌的名字出现在酒吧和咖啡厅的广告上：烟灰缸上、桌子上、椅子上和遮阳篷上，品牌就这么建立了起来。佩罗尼啤酒的巨大瓶盖尤其受欢迎。啤酒瓶盖，同样也来自美国，是50年代意大利的新事物，是佩罗尼为其啤酒塑造的高质量象征。

在50年代啤酒广告的影响下，意大利人对啤酒的喜爱被唤醒了。第一批广告特别有说教性，引起了人们的关注，说啤酒"也相当适合老人、妇女和青少年"，并且建议大家"在所有季节，而非只在炎热的夏天"享用。广告还提醒大家说，"啤酒属于日常购物清单"。通过电影《甜蜜的生活》（1960年）成为大众偶像的安妮塔·艾格宝（Anita Ekberg）成为品牌代言人。而说到啤酒，人们会联想到现代化、城市化甚至是进步的生活。

广告发挥了效用。1958年至1963年佩罗尼啤酒的销量翻了一番，其他酿酒厂的产品销量也不俗——有时候产品还供不应求。同时，葡萄酒消耗减少了。其中一个原因可能是大家转而饮用啤酒，但日益富裕的生活和普遍的城市化也对啤酒的发展做出了贡献。如果一个工厂工人以前喝自己家乡村庄酿造的葡萄酒，那他现在就有钱在酒吧里点一杯开胃酒，看一会儿电视，或者在吃快餐时来一杯啤酒。意大利从1954年起开始了定期的电视播放，这直接影响了酒吧的受欢迎程度。为了看电视，人们会去酒馆。十年之后私人家庭电器里才有了电视机。

佩罗尼在60年代初就在国内啤酒市场上占据了稳定的位置。其销售量占市场总额约三分之一，因此佩罗尼公司成为市场领军者。1964年公司推出了顶级窖藏啤酒"蓝带"（Nastro Azzurro），在成功历史上书写下新的篇章。这款啤酒的名字完全符合60年代的口味。它充满怀旧气息而又生机勃勃，为创新而生。这个名字源于一个非官方的"蓝丝带奖"（Nastro Azzurro），该奖被授予20世纪初以最快的平均速度横越大西洋的客船。1910年茅利塔尼亚号以每小时二十六海里（约每小时50公里）的速度纪录获此殊荣，让此奖项被广泛传播。

这个啤酒品牌让顾客想到美国和现代风格。这个名字是世纪初大移民的直接印证，其简约的白底商标具有现代感，从其他意大利品牌中脱颖而出。而蓝带以罐装形式贩卖，也是新鲜事，此前这在意大利并没有特别受欢迎。1967年，当穿着紧身水手服的佩罗尼金发美女索尔薇·斯杜滨（Solvi Stübing）出现在广告牌和电视广告中时，品牌的流行度大涨。在70年代，斯杜滨被新的金发美女取代。佩罗尼金发美女们的广告短片几十年来不断出新，尤其令人印象深刻的是2006年对费里尼电影《甜蜜的生活》的模仿。

佩罗尼和其他意大利酿酒厂的成功，延续到了和经济奇迹一样长的时间。1973年意大利石油危机造成经济衰退，对啤酒的需求也极速减少。变穷的普通意大利人觉得，换一种生活方式，回到妈妈煮的饭和祖父的葡萄酒，不是特别差的事情。不过，70年代末经济和城市化再度稳固繁荣时，意大利人对啤酒的需求又大起来了。意大利每年的啤酒消耗量在80年代至90年代不断上升，到21世纪每人每年消耗约30升啤酒。

佩罗尼蓝带啤酒 Peroni Nastro Azzurro

意大利，罗马

类型：窖藏啤酒
酒精含量：5.1%
原麦芽：11.4° P
苦度：18.4 EBU
色泽：5.8 EBC

　　弗朗切斯科·佩罗尼（Francesco Peroni）1846年在意大利北部的维杰瓦诺成立了一家酿酒厂，用自己的名字命名。因为罗马有更多令人向往的发展可能，所以在19世纪60年代至70年代，他把酿酒厂转移到了这个刚统一的意大利的首都。20世纪初，佩罗尼家族产业扩展到了整个意大利南部地区。从20世纪60年代开始佩罗尼啤酒进入国际市场。2003年国际公司南非米勒（SABMiller）收购了佩罗尼酿酒厂。

　　佩罗尼蓝带啤酒是一种浅色、半醇厚的啤酒。它于1964年进入市场，第二年在佩鲁贾获得世界最佳窖藏啤酒金奖。像典型的意大利窖藏一样，啤酒中的麦芽口感通过玉米被缓和了。口感新鲜，带颗粒感，余味中有啤酒花苦味。

瓦茨拉夫·哈维尔（Václav Havel）（左）常常宴请国宾喝啤酒。1994年在"金虎"酒馆，他身旁坐着时任美国总统比尔·克林顿（Bill Clinton）和时任美国常驻联合国代表马德琳·奥尔布赖特（Madeleine Albright）。照片：昂杰·涅麦茨

20

从酿酒厂地窖到布拉格城堡

　　剧作家瓦茨拉夫·哈维尔（1936—2011年）在东欧剧变中扮演了重要的角色。这位1989年天鹅绒革命的英雄，是捷克斯洛伐克联邦共和国的最后一任总统，也是捷克共和国的第一任总统。在哈维尔的一生中，重要的不仅是戏剧和政治，他也做了快一年的酿酒厂工人。

　　1948年共产党取得政权之前，哈维尔的父亲曾是一名成功的商人。年轻的哈维尔因其资产阶级出身，在统治者眼中基本上是很可疑的。他本来想进入大学学习文科专业，但1955年被禁止入学。在捷克工业高等学校的两年学业并未让他改变主意成为工程师，对戏剧的热爱获得了胜利。60年代初，哈维尔在外国也有了名气，他的戏剧描绘了荒谬戏剧传统中官僚主义的疯癫。

　　1968年苏维埃占领捷克之后，哈维尔的戏剧在祖国被禁止演出。不过这位作家并非毫无办法。他的家庭在布拉格有一套城市公寓，之前一年哈维尔在捷克斯洛伐克北部城市特鲁特诺夫（Trutnov）附近的赫拉德茨（Hrádeček），购买了一幢乡村别墅。1968年的事件让他的作品在西方变得前所未有地受欢迎，因此外国的演出版权费就成了他定期的收入来源。

当他的作品失去现实意义后，收入逐渐减少，哈维尔的钱快花光了。虽然他继续写作，但在他自己的国家，他的政治杂文仅能作为地下刊物传播，这让哈维尔感到沮丧。因为他在布拉格的一举一动都受到监视，所以他和妻子奥尔加越来越多地待在赫拉德茨的农村。事后这位作家把70年代初这段时间称为"半自愿的国内移民"。

1974年冬，哈维尔开始找工作。但对收入的担心和想做点有意义的事的需求，让求职之路并不平坦。当然，哈维尔还没有直接面临破产。

特鲁特诺夫酿酒厂（Trutnou）距离赫拉德茨约十公里。哈维尔在酿酒厂求职时，他向酿酒师坦诚自己是一个反对派，不过这并没有成为障碍。"我们这儿还有吉卜赛人工作，"酿酒师回答道，然后雇佣哈维尔为地窖工人。两天后，当地的党领导得知了这件事并决定，不允许酿酒厂雇佣政治不可靠的哈维尔。不过已经晚了，工作合同已经签下了。党做了所有能做的事：秘密警察在酿酒厂房间内安装了麦克风，并吩咐一些出了名是忠实党员的工人，监视这个新人。

哈维尔在酿酒厂得到了他期望的东西：有事可做。当这个瘦削的男人扛着啤酒花袋和谷物袋以及在阴冷的地窖里挪动酒桶时，文学、戏剧和政治的世界离他很远。一个100升的酒桶，净重95公斤，装满后重量为双倍。哈维尔当时的上级扬·斯巴雷克回忆说："刚开始对他来说很可怕。这个可怜的人一直在挨冻。"哈维尔逐渐变得强壮，挪动酒桶也变得比较容易了。哈维尔在工作中并不谈论政治，这让秘密警察很失望。他的同事回忆说，他是一个"安静的人""一个好伙伴""很勤奋""是我们中的一员"。

但是，这位剧作家不能完全否认自己有私底下煽动的倾向，他每天都开着用西方金钱买的奔驰车上班。他很快就接到指示，不允许把他的车停在酿酒厂的停车场里。他对此很惊讶，而他的同事们告诉他现实的状况："酿酒厂厂长的车是莫斯科人牌，酿酒师的车是莫斯科人牌……而你的屁股却坐在奔驰上。"从此之后，哈维尔就把车停在了酿酒厂前面的一条街，然而后来就连这都被当作"对工人阶级的煽动"而禁止了。第二天上午，这位听话的酿酒工人把车停到了共产党办公室前面。这里的工人阶级显然对此并不反感。

几个月后，哈维尔被提拔，从地窖调到了真正的酿酒部门，负责过滤装置。几十年后，他带着一直以来的反讽腔调写道，他那时的任务是"让啤酒腐坏"。随后他解释道："刚酿好的啤酒是最好喝的，因为它含有少量的酵母，会释放香气。但却不能就这样保存啤酒，因为酒桶可能会爆炸，所以必须在运走之前进行过滤。这会让口感变坏。"

1974年11月哈维尔辞去工作，原因很简单，因为他不能再像以前那样开车来酿酒厂了。冬天到来时，秘密警察刻意布置，让哈维尔房子前街道上的雪不被清扫。哈维尔没有步行去上班，而是放弃了职位。酿酒厂的工作没有如期望般为他带来大量金钱，他每月工资的三分之一——两千克朗——都支付了汽油费。在酿酒厂的九个月却给了他丰富的经验，在一定程度上甚至对他后来的事业起到了决定性作用。

1975年初，哈维尔创作了独幕剧《接见》。后来他说，这幕剧很快就写出来了，只花了一到两个夜晚。主角是哈维尔的自我化身、在酿酒厂找到工作的知识分子费迪南德·瓦内克，以及他很喜欢啤酒的上级。他的上级接到命令，向更高的上级汇报瓦内克的活动。问题在于，这个上级不识字，因此他请求瓦内克自己监视自己，并且写出报告。

这部戏剧在地下传开，特鲁特诺夫酿酒厂的工人也知晓了。所有人都知道主角的原型是谁。酿酒师威廉·卡斯帕是一个友好却爱喝酒的人，头脑简单。剧中人物瓦内克在戏剧《开幕式》（1975年）和《抗议》（1978年）中继续出现。

通过写作《接见》，哈维尔赢得了新的创作力。1975年4月他给共产党总书记古斯塔夫·胡萨克写了一封公开信，因而确定了自己的命运。在国家政权的眼里，哈维尔是个刁民，同时也是反对派的领军人物。两年后哈维尔被确认为共产党统治阶层批判者的领导人，因为他是第一批在公开批判的"七七宪章"上签字的人之一。

许多捷克斯洛伐克的其他反对派人士，同样必须在70年代做帮工，因为党不给他们与其职业培训相应的职位。比如记者伊日·丁斯特比尔（Jiří Dienstbier）就在很长一段时间内，在布拉格的斯达诺拉曼酿酒厂做过火炉工和守夜人。

哈维尔1979年至1983年入狱，但80年代末的经济改革也给了捷克斯洛伐克的反对派一些空间。在布拉格的啤酒馆里，世界变得好起来——谈话内容当然不是简单的酒馆聊天。1989年11月经过哈维尔和丁斯特比尔领导下的天鹅绒革命，政权和平更迭。1989年12月哈维尔成为捷克斯洛伐克的总统，丁斯特比尔直到1992年都是外交部部长。

即便作为总统，哈维尔也没有放弃他以前的习惯。在芬兰记者马蒂·普科（Martti Puukko）的采访中，哈维尔讲述了1990年2月的一个轶事。当时他作为国家总统第一次出访美国，哈维尔想去一家酒馆，他让安全局的人离他远一些，然后坐在柜台边点了一杯啤酒。很快地，他旁边就坐了一个美国人，两人开始聊天。美国人注意到他的外国口音，于是问他从哪儿来。"从捷克斯洛伐克来，"哈维尔回答。这个男人似乎不太清楚这个国家在哪里，但立刻提出了下一个问题："那你在捷克斯洛伐克做什么工作？"哈维尔毫不掩饰地回答，他是总统，然后这个男人笑得把嘴里的啤酒沫都喷出来了。"这很好！这很好！"他叫道，然后亲切地拍拍哈维尔的后背。"因为这个回答，我请你喝杯啤酒！"哈维尔没有说不，然后当他俩用刚装满的啤酒杯碰杯时，这个美国人笑着向整个酒吧宣布，他正和捷克斯洛伐克的总统一起喝啤酒。

哈维尔在总统任职期间也没有放弃他的不良习惯，常常不事先说明就走进他最喜欢的酒馆去喝啤酒，这让他的保镖非常头疼。他们当然陪着一起去，但无法做好保护总统的特别预防措施——而且哈维尔也对此并不重视。总统的客人也能认识到捷克最好的一面。"钓鱼"酒馆几十年来都是哈维尔的固定酒馆，就在他以前位于果拉兹多瓦街17号的城市公寓的隔壁。在那里，不仅滚石乐队，就连美国外长马德琳·奥尔布赖特（捷克出生，原名玛丽·亚娜·科贝洛娃）也被招待了一杯比尔森欧克啤酒。今天在同一地址还能点到桶装欧克。这个啤酒馆里也提供鱼肉菜肴，不过现在变成了一家越南餐馆。克林顿1994年访问布拉格时，哈维尔邀请他到老城著名的"金虎"酒馆（胡斯路17号），招待他喝了欧克啤酒。这种啤酒与其他几种捷克啤酒，在哈维尔第三家固定酒馆"双太阳"（聂鲁达路47号）中也有供应。"双太阳"酒馆交通尤其便利——离总统办公大楼，即布拉格城堡仅两个街区。

卡拉克洛斯山神淡啤酒 Krakonoš Světlý Ležák

捷克，特鲁特诺夫

类型：比尔森啤酒

酒精含量：5.1%

原麦芽：12° P

苦度：36 EBU

色泽：12 EBC

特鲁特诺夫在捷克共和国北部，靠近波兰边境。哈维尔在这一地区感觉很舒服。他很长时间内患有肺癌，之后在他赫拉德茨的乡村别墅里离世。直至"二战"结束，这一地区都主要说德语，1938年至1945年属于德国苏台德区的一部分。

关于特鲁特诺夫啤酒酿造的最老文件出自1260年，当时波希米亚国王奥托卡二世确立了城市居民的酿造权。特鲁特诺夫酿酒厂，准确地说，是特鲁特诺夫的卡拉克洛斯山神酿酒厂（Pivovar Krakonoš Trutnov），成立于1582年，根据捷克的标准属于中大型啤酒厂。其生产的比尔森、深色窖藏和浅色窖藏，主要在周边的赫拉德茨-克拉洛韦市和利贝雷茨市销售。

卡拉克洛斯山神淡啤酒是特鲁特诺夫酿酒厂的顶尖产品，不论是生产量还是从名声来说都是最好的。这是一种琥珀色、未热消毒的比尔森，带厚重的泡沫。气味上有麦芽、水果和太妃糖的综合香气。口感上带麦芽甜味，有啤酒花的刺激味。像典型的捷克比尔森一样，余味干爽有啤酒花味。

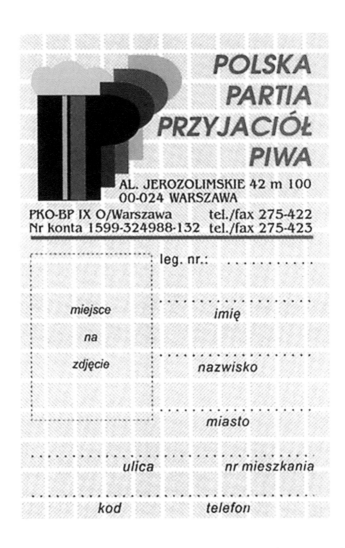

在《先生》（Pan）杂志中的入党申请引发了一大批人申请入党，使得啤酒爱好者党从一个内部笑话变成了真正的政治运动。

21

波兰啤酒爱好者党

　　20世纪80年代晚期至90年代初，波兰在东欧过渡时期从共产主义变成多党派民主主义。1989年大选中，团结工联的工会运动赢得了所有自由席位，第二年，运动领袖莱赫·瓦文萨（Lech Wałęsa）成为总统。波兰"自由"了，却不知道该带着他们的自由怎么开始。在迷茫消散以后，市民们必须回到灰暗的日常生活中去。与期待的不同，新政党的上台并没有赐予西德那样的生活标准。相反的是，国家大型企业的合理化措施造成了大量失业，而日用品物价上涨激起了通货膨胀。团结工联分裂成多个党派，政治渐渐在争执中失控。国家充满了失望和悲观主义，直到1991年波兰第一次完全自由的议会选举。瓦文萨作为总统也大失民心，激烈愤怒的人民指责他所有的事，甚至包括和政治毫无关系的事。波兰人希望有变化，但却不清楚应该是什么样的变化。90年代初的一个典型现象就是波兰啤酒爱好者党（Polska Partia Przyjaciół Piwa，简称PPPP）的出现。

　　波兰啤酒爱好者党在欧洲历史上不是独一无二的。同类党派在20世纪90年代也出现在捷克斯洛伐克、俄罗斯、乌克兰和白俄罗斯。这些党派的纲领含有和波兰的相似的目标。一些党严肃认真地致力于经济改革和饮酒节制，另一些则纯粹是戏谑政党。不过，只有波兰的啤酒爱好者们成功进入了国会。

反抗国家政权，是波兰几百年来民族特性的基本要素。18世纪末波兰被瓜分之后，除了1918年至1939年短暂的共和国时间，两百年间波兰都没有自己的政府。波兰曾被俄国、奥匈帝国、普鲁士以及纳粹德国占领。"二战"后波兰的共产党政府也是在苏联的压力下设立的。在这样的背景下就可以理解，人民对自由的失望表现在政治上的普遍愠怒。一部分人参加了反对临时政府的示威游行；一部分人漠不关心，让政治在自己的平行世界自生自灭；一部分人开始恶搞整个事件。

《啤酒童子军》是一部20世纪80年代到90年代交替时期的波兰电视喜剧：剧中成年男子穿着童子军制服，喝着啤酒经历各种各样的探险。这部电视剧没有大获成功，然而此剧的演员们拍摄的时候想到的一个主意，竟从此创造了历史：难道不能为啤酒成立一个党派吗？他们一边喝酒一边讨论了这个想法。第二天早上清醒之后，他们仍觉得这主意不错。

那个时期，波兰成立了许多党派。团结工联运动在80年代让执政党的反对者们联合了起来，但这个共同敌人倒台之后，就再没有什么让他们团结的了。这时有一个以团结工联名义掌权的过渡政府，然而工联运动在1989年和1990年之间分裂成了许多不同目标的政治团体。社会民主主义者、天主教徒、大地主和自由主义者各自代表形形色色的政治派别，瓦解成不同的党派。他们全都提出了第一次完全自由的议会选举，要求在1991年秋天举行。政治系统的分裂令人咋舌，1991年大选时总共有111个党派或候选人参加。其中一半至少活跃在两个选区，约20个党派在全国都有竞选活动。

啤酒爱好者党出自一个内部笑话。电视剧《啤酒童子军》中演员的主意，被《先生》杂志的编辑听到了。《先生》杂志的总编亚当·哈伯（Adam Halber）将这个主意继续进行下去。他半开玩笑半认真地草拟了一个党派政治纲领，称成员"致力于良好的啤酒文化和更好的党的领导。我们需要像样的啤酒馆，在里面可以在放松的气氛中享受一壶好啤酒。这样就可以通过享受啤酒花饮料，取代奥得河、维斯瓦河以及布格河畔庸俗的伏特加文化"。对伏特加文化的暗示是很合适的。与南边邻国捷克斯洛伐克或西边邻国德国不一样，1990年的波兰是东欧伏特加地区的最西前哨。一个普通的波兰人每年喝10升伏特加。爱喝酒的人中60%都喝伏特加，只有约四分之一的人喝啤酒。啤酒消耗量（每人每年29升）约占捷克斯洛伐克相应数量的四分之一。

啤酒在波兰有悠久、多彩的历史。这片富饶的土地非常适于大麦的种植，中世纪这里的啤酒酿造量与整个中欧差不多。啤酒也让这里的人们情绪起伏。在西里西亚的弗罗茨瓦夫市（Wrocław），今天的波兰西南部，教会与世俗行政部门之间关于几个啤酒桶命运的争执，恶化成了所谓的弗罗茨瓦夫啤酒战争（1380—1382年），但幸好与之名称相反，这个事件是非暴力的。

西里西亚的修道院在14世纪有酿造与售卖啤酒的特权，但除了这个特权以外，弗罗茨瓦夫的市议会拥有对酿酒批准和啤酒贸易的垄断。而教士咨议会的地位则有争议。它隶属于主教，将自己等同于一家修道院。然而世俗的行政部门不想同意主教的酿酒权。1380年市议会以贸易垄断为由扣押了几桶来自希维德尼察（Schweidnitz）的著名啤酒，这是莱格尼察公爵送给教士咨议会的圣诞礼物。教士们异常愤怒。他们甚至威胁道，如果不归还啤酒，就禁止市民进入教堂。教士咨议会也禁止弗罗茨瓦夫市的礼拜仪式，直至主教管理部门得到圣诞啤酒。城市的管理部门没有妥协。相互的谩骂与诅咒愈演愈烈。教堂的大门长达约一年时间都是关闭的。直到教皇和国王的干涉，双方在1382年才停止了语言战争。教士咨议会和市议会像做郑重声明那样相互保证"尊重、崇拜、服从和忠诚"。酿酒权的问题几百年来都没有解决。而市议员们早就把希维德尼察啤酒喝掉了……

约六个世纪之后，波兰的啤酒辩论就文明得多了——完全符合法律。为了能登记为党派，啤酒爱好者们必须收集五千个签名。亚当·哈伯1990年秋在《先生》杂志上发表了计划啤酒党的广告，附带了一张卡片，让读者可以对这个党的成立发表意见。回复的数量让所有人都大吃一惊。数千名读者寄来了写有姓名、地址和签名的卡片。签名数达到了要求，12月28日波兰啤酒爱好者党登记为党。笑话变成了正事。下一个问题是，这个党到底想做什么。

啤酒党开始准备选举。想到这个主意的人、因《啤酒童子军》成名的喜剧演员雅努什·赫文斯基（Janusz Rewiński）成为党主席和偶像人物。实际的工作由副主席哈伯负责。他修改了自己原来的草拟纲领，将其更细节化。为了促进啤酒文化，啤酒党主要要求按照啤酒税的比例提高酒精饮料的税收，简化成立小酿酒厂或啤酒酒馆的官僚制度。此外，他们还要求加强环境法律，因为"没有干净的水就不能酿造好的啤酒"。

啤酒党在公众场合保持了他们戏谑的一面。长着大胡子和啤酒肚的赫文斯基，是一位辨识度高、平易近人的主席，为啤酒爱好者党提高了知名度。广告海报上的赫文斯基和电视里人们熟知的那样，穿着童子军服，抱着啤酒桶。他也为党歌作词，歌词中阐明了相比伏特加，对啤酒更多的喜好："喝一杯啤酒，喝第二杯，再来第三杯啤酒/ 这会让你变得有趣和自由。/ 烈酒的味道不再那么好啦/ 所以放心地举起啤酒杯吧！"

而在幕后，哈伯用最快的速度找到了数百候选人。有些人是被啤酒党快乐的公共形象或者赫文斯基的名气吸引过来的。也有一些人把啤酒党视为新鲜自由的另一选择。尽管共产党专政结束才过去两年，许多政党都承受了团结工联运动瓦解的痛苦。过渡政府令人痛苦的改革，给自由党也给社会民主党带来了压力。而啤酒党的人没有经历工联运动或者共产党统治的过去，他们并不来自政治界。

1991年10月议会大选的结果符合大党派的期望。鉴于是第一次完全自由的选举，选民极大程度上漠不关心。只有43.2%的选民投出了选票。选票结果非常分散，就连最大两党，即政治上中间派的民主联盟党和社会民主党，也只得到了12%的选票。其他党派获得的选票少于10%。全部460个国会席位分散到了29个党派上，其中一匹黑马就是啤酒党，获得了367 106张选票。他们得到了16个席位，作为第十个党派进入了国会。他们在会场大厅的座位在中间派和右派之间，在最上面两排。人们打趣说，这个靠门的座位安排是为了让啤酒爱好者能以最短距离去男厕所。

选举结果对啤酒爱好者来说，是皮洛士式的胜利。这个不寻常的党也激起了外国的兴趣，党领导也多次站在闪光灯前，其内部却酝酿着不满情绪。党的先锋人物亚当·哈伯，想坚持自己原本的目标，主要通过啤酒杯观察世界，如果经济改革或环境法能推动啤酒的地位，那么它们就是好的。但党主席雅努什·赫文斯基也吸引了许多商人，他们催促啤酒爱好者党变成一个正规党派，要有整体的纲领。理想主义者和实用主义者的分歧迅速扩大，导致党在新议会组建之前就分裂了。媒体兴高采烈地报道了新的转变，将分裂出的两个派别称为大啤酒和小啤酒。

"大啤酒"为多数人，主要由被党主席赫文斯基吸引来的商人们组成，其中很多人恰恰是因为这个党没有历史，所以愿意被提名为候选人。啤酒党被视为是改变的机会。一名党议员，后来升为部长的兹比格涅夫·艾日蒙（Zbigniew Eysmont），回忆道："当时只有极少的商人才喝啤酒。入党仅仅是一个好机会。我们不是为了政治理想才介入政治——那样的话我们就去加入格但斯克的自由党了——我们只是想要一个可能性，可以为商业打开新的政治环境。"被称为"大啤酒"的派别拥有13名议员，其正式名称为波兰经济纲领党（PPG）。很快地，他们就开始支持掌权的右派党。艾日蒙1992年任不管部长，负责经济生活的发展。虽然PPG这时已经和原有党派或者保持了传统的"小啤酒"派毫无关系，但艾日蒙的党派在名义上仍然是啤酒爱好者党。因此，他是世界历史上唯一一个啤酒党派的部长。

"小啤酒"派只有三名议员，在议会路线上其实也与商人代表的"大啤酒"派差别不是特别大。初期对啤酒的专注，后来转移到倾向改革的总体政策上，同时相较于"大啤酒"，"小啤酒"派在经济政治的观点上非常"左倾"。这个组织的三位议员都是啤酒理想主义者，却没有政治影响力。由于波兰的党派情况持续变更，所以当"小啤酒"的议员们在立法会议期间转到其他派别时，也没人觉得奇怪。啤酒党的主要思想家哈伯失望地离开，变成了社会民主党的普通议员。

约两年后，瓦文萨总统于1993年5月解散了国会，下一次大选定在9月。啤酒爱好者党仍以分裂的形式进入选举。党领导在两年内完全变换了，当时的议员要么成为其他党派的候选人，要么完全退出了政界。两年国会的责任也让大众对啤酒党的好感度消磨殆尽。虽然啤酒党在全国列出了前运动员和前教练作为候选人，但最后却只留下平淡的痕迹。他们只获得了14 382张选票，占总选票的0.1%，因此必须放弃国会梦。总体来说，政治局势也与两年前不同了。最大的三个党一共获得了国会82%的席位，像啤酒党那样的反对派运动不再被需要。啤酒党的活动逐渐减少，1997年选举前从党派登记中被删除。

即使啤酒党的历史如此之短，但仍可确定，他们完成了自己的任务。波兰变成了一个啤酒国。酒精消耗中伏特加的比例，在20年内减少了一半，只占约30%。同时啤酒文化在数量和质量上都蓬勃发展。波兰在今天是欧洲第四大啤酒产地，仅次于德国、俄罗斯和英国。波兰的啤酒消耗量也在20年内增长三倍之多，每人每年喝近一百升啤酒。

日维茨啤酒 Żywiec

波兰，日维茨

类型：窖藏啤酒
酒精含量：5.6%
原麦芽：12.3° P
苦度：20 EBU
色泽：12.1 EBC

　　波兰酿酒工业在过去25年内的表现与这个国家的政党一样。大酿酒企业越来越大，小企业退到边缘。全国最大的酿酒厂是比沃华尔斯卡公司（市场比例占43%），由南非米勒集团控股，其品牌有特斯克尔（Tyskie）、野牛（Żubr）和莱赫（Lech）。日维茨集团属于喜力啤酒公司，占市场比例的33%。

　　日维茨市位于上西里西亚，在喀尔巴阡山北部边缘。波兰切申的阿尔布雷希特大公，同时也是奥地利的大公，出身于哈布斯堡家族。他于1856年在日维茨成立了一个酿酒厂，这个酿酒厂直到"二战"后国有化之前都属于哈布斯堡家族。山脚下的位置和与之相应的自然风光反映在酒厂的商标上，商标图中有一对身着民族服饰正在跳舞的人，还有三棵冷杉树，这种波兰的植物象征着波兰国王的王冠。

　　以酿酒厂命名的日维茨啤酒，是一种谷粒黄、半醇厚的窖藏啤酒。谷物和麦芽甜主要影响着口感。啤酒花中等强度。日维茨酿造所使用的水，按传统方法取自山泉水。

水对于被围困中的萨拉热窝（Sarajevo）来说是很珍贵的。
塞尔维亚人截断了水源后，市民们从萨拉热窝酿酒厂的水井里打水饮用。

22

萨拉热窝的救星

1992年4月，塞尔维亚军队包围了波斯尼亚与黑塞哥维那的首都萨拉热窝。约三十万人被困城中。一个月后，包围军截断了水管，使周边山上的饮用水不能流入萨拉热窝。"他们可以喝香槟呀，"也许法国王后玛丽·安东尼特这时候会这么说吧。这座被包围的城市里没有气泡酒，但萨拉热窝酿酒厂能一解市民们的口渴之苦。

根据伊斯兰教的教义，酒精饮料包括啤酒，都是非法的。土耳其奥斯曼帝国15世纪攻占了波斯尼亚，他们在宗教问题上相对来说是自由的。1861年至1869年，托帕尔·奥斯曼·帕莎（Topal Osman Pasha）任波斯尼亚的最高行政官。他比较西化，在他任职期间当地产生了第一批商业酿酒厂。奥地利人约瑟夫·费尔德堡（Joseph Feldbauer）1868年在首都西郊的科瓦契奇城区成立了萨拉热窝酿酒厂。最高行政官在开张时亲自到场，喝了费尔德堡酿造的第一杯啤酒。他特别喜欢这啤酒的味道，竟用空杯装满了金币送给酿酒师作为感谢。首次成功却没能持续下去，由于极少的市场需求和经济困境，酿酒厂不得不多次中断营业。

在欧洲的山区城市，一般来说并不缺乏饮用水。无人居住的山腰处有足够的新鲜水源，重力会把水带到山下。城市地区不需要水井。当居民区延伸到山腰上，水就通过水管被引到城中，以保障其清洁度。萨拉热窝也是这样。萨拉热窝酿酒厂的水来自城市南端的扎提斯特山。然而问题在于，山泉和山溪的水含有较多矿物质。特别是对下层发酵的窖藏啤酒来说，软水是很有必要的。

1878年俄国土耳其战争之后按照《柏林条约》，波黑被并入奥匈帝国，尽管其名义上仍属于奥斯曼帝国。统治权的更换促进了波斯尼亚的酿酒工业。萨拉热窝也有人为了学习酿酒前往帝国另一端——波希米亚的比尔森市（Pilsen）。波斯尼亚人在"市民酒坊"酿酒厂（今"比尔森欧克"）学到了不同水质的特性，决定像波希米亚人那样，在山洼地寻找软水。他们在米里雅茨河背后城市中心的南边找到了一个合适的地方，这里的地底深处有丰富的地下水资源。1989年新酿酒厂在弗朗西斯坎城区开张。那里酿出的啤酒质量大受好评，名声甚至传到了维也纳，而萨拉热窝的窖藏啤酒也很快成为奥地利皇室用酒。

20世纪萨拉热窝的居民数渐渐从约五万人增长到约五十万人。1991年，南斯拉夫最后一次人口统计记录，一半萨拉热窝居民数认为自己是波斯尼亚人，30%认为自己是塞尔维亚人。认为自己是克罗地亚人的约6%，而萨拉热窝约10%的居民民族定义为

"南斯拉夫人"。波斯尼亚和黑塞哥维那的总人口中，波斯尼亚人是最大的族群（44%），多于塞尔维亚人（31%）。

1989年和1990年东欧剧变导致了南斯拉夫的分裂。民族主义的飓风席卷了斯洛文尼亚和克罗地亚，最后影响了波斯尼亚这个传统上多民族、多宗教和多身份的地区。波斯尼亚人和克罗地亚人主张一个独立的多文化国家，而塞尔维亚多数人主张一个塞尔维亚统治下的剩余南斯拉夫，或者大塞尔维亚国。政府和在波斯尼亚的塞尔维亚军队的战斗开始于1992年2月。这场冲突中的站边立场虽然大多数取决于种族背景，但波斯尼亚的军队中除了波斯尼亚人、克罗地亚人和"南斯拉夫人"以外，还有一些忠于政府的塞尔维亚人。

四月，战火也延伸到了萨拉热窝，塞尔维亚人迅速包围了这里。守住首都的波斯尼亚政府军从数量上远超过对方，因此塞尔维亚人放弃了直接进攻，他们想封住城市，从山上进行轰炸。萨拉热窝从三个方向都受到榴弹攻击。城市仍未投降，于是塞尔维亚人更进一步，断水断电。

之前水泵站从山上把水引入萨拉热窝，尤其是从东边山脉。战争爆发后，所有水源都被塞尔维亚军队占领。流经城市的米里雅茨河虽然可以取水，但站在开阔的岸边斜坡取水容易成为塞尔维亚狙击手的靶子。此外，水质也令人怀疑。城里有传言说，塞尔维亚人在米里雅茨河上游投了毒。市民们在院子里和屋顶上放了各种容器接雨，不过也起不了什么作用。而且，夏天渐渐来临。七月和八月波斯尼亚降雨量很小。

因为少数私人水井和水源不能满足对水的需求，萨拉热窝酿酒厂的深水井在长达一年半的时间内，成为城市的生命之源。幸好有足够的水。过去十年，酿酒厂在其场地上挖了新的水井，其中一个深达300米。1991年萨拉热窝的啤酒年产量为7 480万升。如果把这数量的啤酒分给被困城市的市民们，每人可以分到超过200升的啤酒。

酿酒厂的房间被设置为公共分发水处，水被装在油罐车中运往其他城区。油罐车的水龙头前排着长队，这成了被围头几年萨拉热窝街景中最主要的场面。市民们也挖了新的水井，但由于缺乏工具，工作只能主要靠手来解决，因此水井都很浅，不能供应大量水。酿酒厂却完全不缺水。他们甚至在三年围困期间，不间断地酿造了啤酒。虽然没有很高的产量，但最重要的是名誉上的影响。市民们想向自己和世界证明，他们面对军队暴力不会投降，而是继续着自己的生活。对生存来说，重要的除了水供应以外，还有联合国的飞机为被困城市带来了生活用品和药品。

1994年1月，萨拉热窝采用了在美国人弗雷德·昆尼（Fred Cuny）带领下建造的过滤系统，可以把米里雅茨河的河水过滤成饮用水。用了半年时间，这个装置才达到满负荷运转。过滤后的水进入了城市管道，在中断了两年之后，水再次从水龙头中流出。萨拉热窝酿酒厂的井水完成了任务，可以重新作为啤酒的原材料，用作其原本的目的。

尽管轰炸严重损毁了城市并造成17 600人死亡（其中大部分是平民），萨拉热窝抵挡住了进攻。1995年10月停火协议达成，战斗结束。1996年2月，在三年十个月之后，波斯尼亚政府宣布包围正式结束。

日维茨啤酒 Sarajevsko Pivo

波黑，萨拉热窝

类型：窖藏啤酒
酒精含量：4.9%
原麦芽：11.2° P
苦度：20 EBU
色泽：7.3 EBC

　　1914年6月底，年轻的塞尔维亚民族主义者加夫里洛·普林西普（Gavrilo Princip）在"莫里茨席勒"食品店前，刺杀了奥匈帝国王储弗朗茨·斐迪南大公，此地离萨拉热瓦酿酒厂仅仅两个街区之遥。这次暗杀行动导致了"一战"爆发，宣告了萨拉热窝历史上一个时代的终结。"一战"前萨拉热窝酿酒厂是奥匈帝国最大的酿酒厂之一，成为南斯拉夫领地之后，啤酒的需求下降，直到1965年才再度恢复到20世纪第一个十年内的产量（每年1 500万升）。

　　波斯尼亚战争（1992—1995年）给酿酒厂带来的损失估计高达两千万美元。1996年至2009年整个生产技术革新了，今天酿酒厂的年产量为8 000万升啤酒、10 000万升碳酸饮料和矿泉水。

　　萨拉热窝啤酒是一种浅黄色、新鲜带清淡啤酒花味的窖藏啤酒。它由自然原材料酿造（水、大麦麦芽、啤酒花、酵母），不含防腐剂。这款啤酒2011年在布鲁塞尔获"国际品质评鉴大赏"（Monde Selection）金奖。

布雷恩·考恩（Brian Cowen）是知名政治家。
他并不装腔作势，作为部长也习惯在简单的会面中喝上一两杯健力士啤酒。照片：詹姆士·弗林（James Flynn）

23

凯尔特猛虎的陨落

　　上涨26%，上涨19%，上涨28%。爱尔兰证券交易所的股票指数（ISEQ），在2004—2006年出现了急速地增长，其他经济指数也朝同样的方向发展。爱尔兰的国民生产总值在2000—2006年翻了一番。尽管从东欧的新欧盟国家有大量劳动力涌入爱尔兰，但其失业率仍低于5%。爱尔兰的发展顺风顺水，同样顺风顺水的是其财政部部长布雷恩·考恩。

　　1984年，24岁的考恩被选入了爱尔兰国会下议院。他是爱尔兰中部塔拉莫尔一家酒吧老板的儿子，对选民来说他是来自群众、和蔼可亲的人。他在酒吧里轻松自如，喜欢唱歌。考恩成为中间偏右派的共和党最重要的政治家之一，1992年以32岁的年纪首次出任部长。

　　20世纪90年代初，爱尔兰是西欧最穷的国家之一。1992年人均国民生产总值低于西班牙，只达到了德国人均国民生产总值的约60%。爱尔兰自1973年起就属于欧洲共同体（之后成为欧盟），但它在国际经济上的角色却很有限，一直被视为英国的腹地和一个劳动力储备国，人们为了赚钱会迁到英国或美国，而且常常就留在了英美。2008年人口调查表明，3 600万美国公民有爱尔兰血统。

然而爱尔兰的经济和就业形势在20世纪90年代转变了。90年代初爱尔兰开始了经济改革，考恩也是改革发起者之一。他1992年至1994年作为部长负责劳工、能源经济以及通信。企业的营业税降低到了约10%，政府还减少了对金融市场控制，对新的公司实行补助政策，主要针对技术公司和产品开发。此外，由于爱尔兰主要在教育和基础设施方面获得了欧盟补助，而且爱尔兰的年龄结构在所有欧盟国家中最为年轻，所以具备了快速发展的前提。许多大企业都把在欧洲的工作总部设置在爱尔兰。经济繁荣发展，几百年来首次有外国劳工迁入爱尔兰，一些移民外国的人也回到了这个绿色小岛上。

1995—2000年，爱尔兰国民生产总值每年增长近10%。1999年人均生产总值超过了英国，这急速的上升似乎没有尽头。爱尔兰因其经济奇迹被称作"凯尔特猛虎"，这个称号借鉴了60年代开始跃升为经济领头羊的"亚洲四小龙"韩国、中国台湾地区、中国香港地区和新加坡。就连千年之交的世界性经济衰退以后，爱尔兰也经历了比欧洲其他地方强劲得多的经济复苏。

布雷恩·考恩在1997—2004年任爱尔兰健康部长和外交部部长。2004年他出任财政部部长。面对繁荣昌盛的国家，他有足够的财务可以支配。电脑巨头惠普、苹果和戴尔都在爱尔兰进行在欧洲的商务活动。处理器制造商英特尔公司和搜索引擎谷歌，都计划在爱尔兰投资数亿。税收增加了，预算显示明确的财政盈余。对财政部长来说最困难的任务，是决定去哪一家新企业的开幕式。开幕式上根据国际礼仪，人们会用香槟碰杯，然而随后当大家在周围酒吧里庆祝时，酒杯里冒着泡的则是深色的饮料——民族传统。

2004年12月考恩公布了他第一个预算，2005年的财务计划中，支出将上升9%，也就是37亿欧元。尽管其中30亿欧元是通过新的国家债务筹措的，但一切都应该没有问题。此前的债务投资都付清了，此时看起来也非常好。爱尔兰是一个经历了美国梦的国家。资本主义的成功故事把整个民族都从贫穷中拯救出来。虽然杂志《经济学人》在2005年6月让爱尔兰警惕房地产泡沫的危险——1997—2005年房地产价格指数涨了约三倍——政府却并没有做任何抑制增长的事。

财政部的战略决议，是在爱尔兰国会下议院的餐馆里准备的。根据各种描述，午餐中大家开怀畅饮，晚餐一直延续到餐馆停止营业的时间。考恩最亲密的团队为国家经济工作到深夜，如果大家因为太疲倦而双眼昏花，预算指数开始在眼前跳舞，就会用欢乐的歌曲让气氛轻松起来。临时安排的经济研讨会上健力士啤酒为大家带来了灵感，但这并未挥霍税金（至少不是直接地），因为每一位成员都轮流请客。

共和党的经济部门在周三晚上会尤其勤奋地拟订经济政策的

大纲，因为根据古老的传统，周四下议院是不工作的。思考、图像和对数字的过度专注，导致第二天上午醒来时头疼或者感到恶心，也是可以理解的。

酿酒厂的收支平衡表在迷人的经济增长中也不落人后。21世纪初爱尔兰的啤酒消耗量有些微减少，酒吧里的变化尤其显著。扎啤的销售在2000—2007年减少了约三分之一。尽管瓶装啤酒的销售量有少许增加，但这无法挽回趋势。渐渐富有的爱尔兰在饮酒习惯上向欧洲大陆看齐，葡萄酒和苹果酒的销量迅速上涨。

财政部部长考恩不是随这个趋势改变的人。他并不重视在时尚的酒馆里20欧元一杯的酒——就像成功的年轻商人们喜欢的那样，而是和普通群众一样在酒吧里喝他的健力士。虽然有人嘲笑这位俗气的部长，但公众似乎都牢牢地站在他那方。这也带来了政治上的成功。2007年上半年的国会选举中，考恩在他的选区大获全胜。共和党仍旧是国会最大党，再次接过了执政的责任。考恩在上一年末制订的预算，被公众接受。预算展示了更好的社会效益，降低了首购房的税收。

接下去的一年改变了考恩的人生和爱尔兰的经济。2008年4月，伯蒂·埃亨（Bertie Ahern）辞去总理的职务并且退休。作为共和党的副主席、代理总理和财政部部长，考恩接任埃亨成为下一任总理。不过爱尔兰的经济此时已出现一些下滑，许多人指出，新总理不会只微笑着出现在闪光灯下。考恩采取了行动。像过去几年一样，他在小圈子里一边畅饮一边探讨经济局面。（啤酒常被称为"液体面包"，是有原因的。）新财政部部长布雷恩·勒尼汉（Brian Lenihan）却未出现在这欢乐的讨论席中。

2008年夏，政府不得不承认经济上出现了问题。9月美国的雷曼兄弟投资银行破产导致经济危机爆发，此时爱尔兰也很清楚，只能通过快速有决心的规避，才可确保国家经济不跌入谷底。不过，国家巨轮有两位舵手，财政部部长勒尼汉在公众场合承担着让爱尔兰走出危机的主要责任，但在背后，总理考恩有自己的计划。10月出具的财务计划是一次有野心的尝试，想平衡国家的财政预算，然而许多预计的支出缩减必须进行修订。其主要原因是工会、学生和退休人员大声地公共抗议，而总理和财政部部长之间混乱的分工，也可能让预算改革的实施变得困难重重。

2008年中，爱尔兰股市的指数逐渐跌落了66%，失业率翻倍到达12%，房地产价格跌了约20%，银行陷入困境。长期沉迷在上升的微醺中，以及两年来下降的酒量，给了人们沉痛的宿醉感。国际企业把业务搬迁到了更加稳定的地区，劳工再次出走，住宅区整栋整栋地被搬空。布雷恩·考恩和共和党失去了民心。2009年1月只有十分之一的爱尔兰人认为考恩成功地管理了政府。

早在2008年4月考恩成为总理时，爱尔兰头号报纸《爱尔兰独立报》就有过一篇关于考恩的深入报道，标题是《有时候特别的小子也能到达顶峰》。文章把考恩描述为一个非典型的政治家，对他来说追求名利、沾沾自喜和暗算别人都是很陌生的事。他在文中的形象是一个外向、开放和愿意交谈的男人。在采访中考恩回忆到青年时做服务员的经历，说在那些年他学到的东西比在大学里更多。酒吧的气氛自此对他来说就一直很重要。"其他人出门前会在家先喝点东西，我正好相反，我要喝酒就去酒吧喝。会议结束后回家的路上，我常喜欢去喝几品脱。"文章末尾，记者祝愿这位政治家能在新的职位上展开均衡的生活："……祝您幸福，好好执政。干杯，总理先生！"

在经济危机的愁云下，考恩的公众形象很快转为负面。之前人们所描述的考恩的"好脾气"，现在成了"愚蠢"。相应地，"喜爱社交"成了"懒惰"。不过媒体没有挖掘考恩的私生活，直到经济危机最严重的阶段过去之后，2010年9月新闻头条才出现关于总理饮酒问题的文章。考恩出现在爱尔兰广播电视公司RTÉ的早间节目中，带着沙哑的声音说话，表达的内容不完全相关。官方坚决否认了他醉酒或宿醉的说法，但消息从此传开。考恩酗酒贪杯，不再是什么说不得的事情了。

2010年爱尔兰创造了一项负面的世界纪录：预算赤字达到了国民生产总值的32%。相比之下，《欧洲联盟条约》中定义的欧元负债底线为3%，在经济危机最严重的欧盟国家希腊，最高负债为15%。不过，2010年爱尔兰的这个数据只是银行救助政策范围下的一次性支出款项。银行系统的稳定和欧盟及国际货币基金组织（IMF）的支持政策，很快又创造了新的经济繁荣的基础。美国杂志《新闻周刊》甚至把考恩列入十大政治家之一，因为他很好地克服了经济危机。

然而单个的赞美不能阻止他政治生涯的下滑。2011年初，不受欢迎的考恩宣布辞去党主席和总理的职务。宣布辞职之后，《爱尔兰独立报》回顾考恩的任期时写道："我国历史上最差的总理"。与三年前的语气截然不同。用一句拉丁语谚语来说，就是"世间富贵，转瞬即逝"（Sic transit gloria mundi）。

考恩退任以后的2011年11月，记者布鲁斯·阿诺德（Bruce Amold）与杰森·奥图尔（Jason O'Toole）在他们的书《党的结束》中，描述了考恩和共和党充满啤酒的决策过程，使考恩再次成为口水战的目标。晚餐会议的细节变得众所周知，人们现在知道，考恩及其陪同在2010年9月糟糕的电台节目之前，在一家酒馆喝掉了3 600欧元……

为了尊重事实——当然必须说——不能把经济危机的责任全部推给考恩，也不能只是批判他的饮酒习惯。金融泡沫的形成是由20世纪90年代起做出的决策引起的，最终因上千人甚至上万人的贪心造成。对奢华生活的类似向往，在1637年引诱荷兰人造成了郁金香狂潮，同样也在20世纪20年代引诱了华尔街的股票经纪人，在20世纪80年代引诱了芬兰的雅皮士，在21世纪初期引诱了西班牙的房地产投机商。以前人们也走入相似的风险之路，不管是喝醉还是清醒的情况下。考恩坚定不移地实现了共和党经济自由的政策，让爱尔兰经济事实上得到了迅速的、繁荣的发展。事后人们才确信，最迟2004年就必须开始阻止事态发展了。

也不可忘记的是，如果按照国家首领的饮酒量或者因为饮酒造成的损害来分级，布雷恩·考恩绝不是第一联赛级的。鲍里斯·叶利钦（Boris Yeltsin）在俄国总统任期最后几年笼罩在酗酒阴影之下，而穆斯塔法·凯末尔（Mustafa Kemel）在不健康的生活方式下，仍成功带领土耳其成为现代国家。温斯顿·丘吉尔则偏爱威士忌，这似乎在后世眼中更加强了他全能超人的形象。胜利者很轻松就可以用手指做出V字拍照，而失败者则容易被打上标签。如果凯特尔猛虎的经济跃进不是以陨落而结束，而是止于一个经过调控的衰退，那么布雷恩·考恩喝光的那些啤酒壶，就只是历史记录上一个有趣的插曲而已。

健力士生啤 Guinness Draught

爱尔兰，都柏林

类型：司陶特啤酒
酒精含量：4.2%
原麦芽：9.6° P
苦度：22 EBU
色泽：108 EBC

亚瑟·吉尼斯用9 000年的租约租下都柏林的圣詹姆士门酿酒厂时，就证明他是一个目光极为长远的商人。1778年他开始酿造深色的上层发酵啤酒，而我们今天所知的健力士司陶特啤酒，于1820年首次酿造。健力士啤酒帝国经历了1845—1852年爱尔兰的大饥荒、1916年都柏林的复活节起义以及1919—1921年暴发的爱尔兰独立战争。经济危机也没能摧毁这家企业的根基。虽然2001—2011年健力士在爱尔兰的年销量从2亿升下降到1.2亿升，但国际需求保持了稳定。非洲的市场发展尤其快速；在黑啤消耗量上爱尔兰只占第二位。今天健力士的最高消耗量在尼日利亚。

健力士是干性司陶特啤酒的典型。其口感有强烈的啤酒花味，浓烈干爽。其典型口感的秘密在于被烘烤过、未制成麦芽的大麦。不论是扎啤还是罐装，健力士生啤都含有氮气，会形成小气泡，从而产生其特有的丰富细腻的泡沫。

啤酒与足球共存的一个顶峰：酿酒厂老板约翰·霍丁（John Houlding）成
立的利物浦足球俱乐部，2005年成为喜力集团赞助的冠军联赛的胜利者。
球队队服上印着丹麦啤酒嘉士伯的广告。

24

喜力的足球俱乐部对阵安海斯-布希英博集团的联盟

　　来自伯明翰的亨利·米切尔（Henry Mitchell）是以其命名的"亨利米切尔旧皇冠酿酒厂"的老板。1886年他为工人们成立了一个足球队。米切尔圣乔治足球俱乐部发展迅速，很快就从一个企业球队变成当时的精英球队，队中的球员半职业化。1889年圣乔治在英格兰足总杯中打入四分之一决赛，像体育杂志《运动新闻》中评论的那样，他们的成绩"归功于积极、富有的球队主席"。

　　到今天，还是有大量啤酒赞助金涌入足球运动。与亨利·米切尔的时代相比，资金数量变大了，同样地其公众影响也变大了。2013年秋，欧洲足联（UEFA）和喜力啤酒集团的合约又延长了三年（2015—2018年），喜力继续作为欧洲冠军联赛的主要赞助人。据猜测，这份合约为欧洲足联每年带来5千万至5千5百万欧元的收入。相应地，每年超过40亿口渴的球迷将通过电视和网络看到喜力商标。

酿酒厂在足球这个运动形成开始就和它处于共生关系中。英格兰联赛成立于1888年，在前几十年大部分球员都是由酿酒厂推荐的。酿酒厂的资金投入换来的是，向观众出售啤酒和在体育场为其产品打广告的权利。

米切尔圣乔治足球俱乐部并不是唯一一支由啤酒巨头建立的球队。最成功的啤酒足球协会是1892年由酿酒厂老板约翰·霍丁成立的利物浦足球俱乐部，曾18次成为联赛冠军、5次成为欧洲杯或冠军杯的胜利者。

让酿酒厂对足球产生兴趣的，一直是同样的原因，营销专家会将其称为协同效应。足球和喝啤酒对广大群众都具有吸引力，此外两者最重要的目标族群是一样的：18岁到35岁之间的男性。啤酒传统上就是体育迷的饮料，一开始大家只在看台上饮用，自20世纪中期渐渐地更多在家里沙发上看比赛时饮用。如果一个协会签了合同，可以在体育场出售啤酒，那么和相关酿酒厂进行更大范围的合作就近在咫尺了。酿酒厂的营销部门很喜欢与足球结合在一起的联想：果敢、热情和成功。他们想把这些特性以及观众对俱乐部的忠诚，也转移到自己的啤酒品牌上。

虽然酿酒厂希望在与足球的合作中产生各种影响，比如品牌的建立、对产品的忠诚以及知名度，但可以说，这一切的背后最终都只有唯一一个目的：出售尽可能多的啤酒。与足球俱乐部及足球协会签订的赞助合约的金额一般来说是秘密，所以不会规定有多少酒厂资金投进球队。无论如何，仅欧洲每年就有上亿的赞助费。

对外界而言，最清晰可见的赞助就是球员球衣上的广告商标。比如利物浦队的球服上约20年时间（1992—2010年）都印着丹麦酿酒厂嘉士伯的商标。现在商标从球衣上消失了，但并不代表合作结束。嘉士伯多年来已经深深植入利物浦球迷的脑海，赞助球服已不一定能为嘉士伯集团增值，可以通过另外的方法获得关注。今天嘉士伯窖藏啤酒是利物浦足球俱乐部的"官方啤酒"。双方的合作主要转移到了社交网络方面，嘉士伯被视为"利物浦大事件"中的一部分。对于客户忠诚度来说，沉浸式体验和团体归属感尤为重要。相比之下，可见的市场表现的最大化是排在第二位的。

在大酿酒集团和足球协会的合作中，相较于20世纪初或90年代，21世纪第一个十年中球衣广告的意义减弱了。欧洲五大联赛中，只有英格兰埃弗顿球队还穿着印有啤酒广告的球衣，其赞助商自2004年起就是泰国象牌啤酒厂。不过，酿酒厂与足球协会之间的合作依然延续着。比如在德国，丙级联赛的每支球队都有一家酿酒厂作为合作伙伴。啤酒赞助只是采用了新的形式。相对以前，合作更多地也在比赛外的地方进行，比如出现在酿酒厂自己的广告中。

大型啤酒集团通过多种形式参与赞助。现在的趋势是，主要品牌不与单独某个协会绑定，而是作为巡回赛和联赛的赞助人让其更多被看见，让所有球迷，无论他们钟爱的是哪一个特定协会，都能感觉这个品牌属于自己。喜力用自己的窖藏啤酒赞助了欧洲冠军联赛，嘉士伯赞助了英超联赛以及2012年和2016年的欧洲杯。安海斯-布希英博集团则用其品牌百威啤酒，支持了比如英格兰足总杯和世界杯。

酿酒集团的其他啤酒品牌在与之相符的层面上参与赞助，例如他们支持一支国家队或者俱乐部球队。比如说安海斯-布希英博集团的啤酒品牌朱勒（Jupiler），在除比荷卢三国以外几乎不知名，但是比利时和荷兰最有名的足球赞助商之一。比利时甲级联赛官方名称为"Jupiler联赛"。Jupiler也是比利时国家队的主要赞助商。在Jupiler赞助的俱乐部球队中，2013至2014赛季主要有荷兰俱乐部阿贾克斯、威廉二世和鹿特丹斯巴达，以及比利时俱乐部皇家安德莱赫特、皇家标准列治、皇家布鲁日。在其他销售地区，安海斯-布希英博集团主要推行其他啤酒品牌。比如在德国，哈瑟勒德啤酒（Hasseröder）就是云达不莱梅和汉诺威96足球俱乐部的赞助商。

喜力也用类似方法支持了单个的国家队和俱乐部，主要是通过喜力集团其他的啤酒品牌，瓦尔卡啤酒（Warkap）是波兰国家队的主要赞助商，阿姆斯特尔啤酒（Amstel）支持着曼城俱乐部，甚至位于葡萄酒地区坎帕尼亚的那不勒斯足球俱乐部也有一个啤酒赞助商，即意大利的莫雷蒂窖藏啤酒（Bima Moretti）。

过去几年中，大酿酒厂在足球合作之余，还创造了大型综合娱乐。球迷们不仅能在球场，还能在比如酒馆或社交网站上参与社交体验。运气好的人，可以在酒馆或网络比赛中赢得啤酒品牌赞助比赛的门票，反之，买门票也可以参与现实和网络中的啤酒活动。2012年喜力为欧冠联赛所做的宣传活动，以及嘉士伯与利物浦的常年合作获得了许多关注和点赞——根据内部信息，这也让销售量在所希望的程度上增加了。

小酿酒厂和足球赞助的联系上，常常提到一个词——归属感。在当地体育协会的支持下，精确计算过的经济利益并不是首要的。更重要的是，成为当地社区的一部分，就在人们聚在一起的那个地方出现。而且，可以通过一个不太知名的球队获得可观的顾客数量——比如德国和英格兰丙级联赛的比赛平均吸引了超过6 000名观众。

赞助一个体育协会也有风险存在。对协会的负面感觉很容易转移到作为赞助商的啤酒品牌上。酿酒厂深知这一因素，赞助时也会有所考虑。比如凯尔特人足球队和流浪者足球队长期争夺格拉斯哥市（Glasgow）的足球霸主地位，他们的球衣上常常印有同一赞助商的广告。赞助商想以此避免来自半个城市的抵制。两支格拉斯哥的球队在2003—2010年都为嘉士伯啤酒做广告。2010—2013年，另一个啤酒品牌成为他们共同的赞助商：替牌啤酒（Tennent's）。2013至2014赛季两支球队都新换了同一家赞助商，爱尔兰C&C苹果酒集团，不过宣传的是不同的苹果酒种类：凯尔特人足球队宣传的是美格娜斯苹果酒（Magners），流浪者足球队宣传的是黑荆棘苹果酒（Blackthorn）。

啤酒赞助体育运动的伦理学在过去几年中，主要在德国被广泛讨论。尽管德国对酒精的看法传统上比斯堪的纳维亚半岛要自由许多，但有些人仍觉得，体育和酒精同样正面地被联系在一起是很令人怀疑的。酿酒厂对此也作出回应，比如德国足协（DFB）的主要赞助商之一碧特博格酿酒厂（Bitburger），就推出了国家队专用的无酒精啤酒。

新西兰2008年的一项研究表明，赞助体育协会增加的酒精消耗量与直接广告的一样多。支持酒精产品的协会，其协会支持者的酗酒风险稍有提高。2012年，一项公开的荷兰研究证实，酒精广告和酒精赞助会提高青少年对酒精饮料的兴趣，即使市场营销只针对成年人。两项研究的发表人都在结论中要求立法者应考量对酒精广告和协会赞助更严格的规定。酿酒厂赞助活动的实际影响在研究中并无表明。在酒精饮料作为饮食文化中一个自然部分的国家里，体育运动从酿酒厂获得的钱，或许还不算对人民健康最大的危害。

如果赞助商的支持条件与球队价值甚或法律相抵触，那么这就有伦理问题了。在欧洲这样的案例比较少，然而在国际足球中就有一个有趣的例子。国际足联（FIFA）长久以来就和安海斯-布希英博集团合作。2014年巴西世界杯临近时，一条巴西法律造成了合作的阻碍，此条法律禁止在足球场出售和饮用酒精饮料。巴西国家比赛和联赛中长年都不曾有啤酒。国际足联给这个主办国施加了压力，2012年巴西不得不让步。根据一个特别规定，观众们在2013年的国际足联联合会杯以及2014年世界杯上可以喝啤酒——或者说，至少是可以喝百威啤酒……

奖牌漂亮那一面的事实是，酿酒厂的赞助项目常常包含了基层的社会活动。酿酒厂促进了青少年足球的发展、球场的保养和裁判员的培养。此外，啤酒产品在体育赞助时和营销时宣传的一样，总体来说都是提醒适度节制这一美德的。

喜力 Heineken

荷兰，阿姆斯特丹

类型：窖藏啤酒

酒精含量：5.0%

原麦芽：11.4° P

苦度：18 EBU

色泽：7.3 EBC

　　谢拉特·艾迪恩·海尼根（Gerard Adriaan Heineken）1864年买下了德胡贝格（De Hooijberg）酿酒厂，四年后在阿姆斯特丹重新开张。德法战争使1870年至1871年巴伐利亚的啤酒到荷兰的进口中断了。这为巴伐利亚模式的海尼根窖藏啤酒打开了市场。海尼根酿造的窖藏啤酒被标志为"绅士啤酒"，目的是从工人喜欢的啤酒种类中突显出来。这款啤酒大获好评。1873年酿酒厂根据业主的名字更名为海尼根（中文译名为喜力），同年，同名啤酒的生产方式也标准化了。喜力窖藏啤酒在最初几十年获得了许多国际奖项。这款啤酒到今天仍然是按照原来的配方酿造，除了基本原料以外，比普通窖藏的冷藏时间更长。

　　喜力是一种浅黄色的、起泡沫的窖藏啤酒。口感新鲜带水果味，啤酒花中等强烈。喜力是世界第三大酿酒集团，除了喜力啤酒以外，集团其他国际知名的品牌还有如阿姆斯特尔（Amstel）、苏尔（Sol）和虎牌啤酒（Tiger）。1994年起喜力集团是欧冠联赛的主要赞助商。

图书在版编目（CIP）数据

24 品脱的历史 : 啤酒与欧洲 /（芬）米卡·里萨宁（Mika Rissanen），
（芬）尤哈·塔瓦奈宁（Juha Tahvanainen）著 ; 蒋煜恒译 . -- 重庆 :
重庆大学出版社，2019.10
　书名原文 : Kuohuvaa historiaa
　ISBN 978-7-5689-1416-1

　Ⅰ . ① 2… 　Ⅱ . ①米…②尤…③蒋… 　Ⅲ . ①啤酒—关系—社
会发展史—欧洲—通俗读物 　Ⅳ . ① TS262.5-49 ② K500.9

　中国版本图书馆 CIP 数据核字（2018）第 288782 号

24 品脱的历史：啤酒与欧洲

24 PINTUO DE LISHI: PIJIU YU OUZHOU

［芬兰］米卡·里萨宁（Mika Rissanen）　　　　　著
［芬兰］尤哈·塔瓦奈宁（Juha Tahvanainen）
蒋煜恒　译

责任编辑　李佳熙　　　　　装帧设计　周伟伟
责任校对　关德强　　　　　责任印制　张　策

重庆大学出版社出版发行
出版人：饶帮华
社址：（401331）重庆市沙坪坝区大学城西路 21 号
网址：http://www.cqup.com.cn
印刷：天津图文方嘉印刷有限公司

开本：889mm×1194mm　1/32　印张：7.375　字数：154 千
2019 年 10 月第 1 版　　2019 年 10 月第 1 次印刷
ISBN 978-7-5689-1416 -1　　　　定价：42.00 元